前沿科技早知道普及读本

3D打印

张金奎　编著

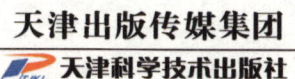

天津出版传媒集团

天津科学技术出版社

图书在版编目(CIP)数据

3D打印 / 张金奎编著. -- 天津：天津科学技术出版社，2019.9（2022.1重印）

（前沿科技早知道普及读本）

ISBN 978-7-5576-5845-8

Ⅰ.①3… Ⅱ.①张… Ⅲ.①立体印刷—印刷术—普及读物 Ⅳ.①TS853-49

中国版本图书馆CIP数据核字（2019）第151332号

3D打印

3D DAYIN

（前沿科技早知道普及读本）

（QIANYAN KEJI ZAOZHIDAO PUJI DUBEN）

责任编辑：张　跃

出　版： 天津出版传媒集团
　　　　 天津科学技术出版社

地　址：天津市西康路35号

邮　编：300051

电　话：（022）23332399

网　址：www.tjkjcbs.com.cn

发　行：新华书店经销

印　刷：北京兴星伟业印刷有限公司

开本710×1000　1/16　印张9　字数150 000
2022年1月第1版第2次印刷
定价：35.00元

前言 Preface

现阶段,我国制造业正处于转型升级、着力智能制造的关键时期。与常规制造相比,3D打印有着更高的精准度与制造效率。其自动化生产方式降低了人工成本,减少了垃圾与二氧化碳的排放,属于环保型生产方式。在我国政府《中国制造2025》纲领性文件的推动下,3D打印,正被视为未来制造工业的主要生产方式,并将成为高端制造业的重要代表。那么,什么是3D打印呢?

按照美国材料与试验协会(ASTM)的定义,3D打印常指增材制造技术,即按照三维CAD数据,通过打印头、喷嘴等设备沉积材料,按照逐层累加的方式制造物体的技术,也可以简单地理解为以设计数据为基础,将材料(液体、粉材、线材或块材等)自动累加起来制造物品的方法。

3D打印是光学、数字化和新材料等技术发展到一定阶段并相互结合的产物。其工作原理可简单地分为两个阶段,一是数据处理阶段,即利用三维计算机辅助设计(CAD)数据,将三维CAD图形分切成薄层,形成各薄层的二维数据;二是制作过程,即依据分层的二维数据,采用选定的方法制作出与分层厚度相同的薄片,每层薄片按顺序叠加形成三维实体。

……

为便于大家深入了解和应用3D打印,我们在借鉴和吸收国内外研究成果的基础上,编写了《3D打印》一书,对3D打印进行了多方面的介绍,希望对读者有所裨益。

本书共分为五个部分:

第一部分为3D打印介绍,包括概念、优势、局限、常见3D打印机及分类、应用趋势、未来等;

第二部分介绍了3D打印硬件准备,包括步进电动机及其驱动器、传动部件、挤出部件、加热床、压力和温度传感器、控制电路板等;

第三部分介绍了3D打印机软件配置，包括3D建模/CAD软件、分层/CAM软件、打印控制/客户端软件、切片Slic3r软件等；

第四部分介绍了3D打印机材料选择；

第五部分介绍了3D打印典型案例，包括工业设计，文化创意产品，工艺美术品，建筑模型，首饰，个性化服装业、服饰业、制革业，增材制造与创新性教育，生物医学等领域。

编者希望大家在阅读这本书之后，能够对3D打印有一个较为深刻的认识。由于编写时间仓促，水平有限，书中难免有不当之处，望广大读者批评、指正。

目 录
Contents

第一章 走进3D打印

第一节 什么是3D打印 ·· 1

第二节 3D打印的优势以及面临的局限 ·· 3

第三节 3D打印的起源 ·· 4

第四节 3D打印机分类及常见的3D打印机 ··································· 7

第五节 3D打印的应用趋势 ··· 10

第六节 3D打印的未来 ··· 13

第二章 3D打印机的硬件准备

第一节 框架 ··· 20

第二节 步进电动机及其驱动器 ·· 23

第三节 传动部件 ·· 28

第四节 挤出部件 ·· 30

第五节 加热床 ··· 32

第六节 FSR压力传感器 ··· 36

第七节 温度传感器 ··· 37

第八节 电源 ··· 38

第九节 控制电路板 ··· 40

第三章　3D打印机的软件配置

　　第一节　3D建模/CAD软件 …………………………………… 41
　　第二节　分层/CAM软件 ……………………………………… 44
　　第三节　打印控制/客户端软件 ………………………………… 45
　　第四节　切片软件Slic3r ………………………………………… 46

第四章　3D打印机的材料选择

　　第一节　常见3D打印材料 ……………………………………… 62
　　第二节　材料的选择 …………………………………………… 64

第五章　3D打印的典型案例

　　第一节　工业设计案例 ………………………………………… 66
　　第二节　文化创意产品案例 …………………………………… 71
　　第三节　工艺美术品案例 ……………………………………… 75
　　第四节　建筑模型案例 ………………………………………… 84
　　第五节　首饰案例 ……………………………………………… 91
　　第六节　个性化服装业、服饰业、制鞋业 …………………… 94
　　第七节　增材制造与创新性教育 ……………………………… 96
　　第八节　生物医学领域的案例 ………………………………… 101
　　第九节　其他案例 ……………………………………………… 121

第一章　走进3D打印

第一节　什么是3D打印

　　3D打印是增材制造技术的俗称。增材制造（Additive Manufacturing，AM）技术是依据三维CAD设计数据，采用离散材料（液体、粉末、丝、片、板、块等）逐层累加原理制造实体零件的技术。相对于传统的材料去除（如切削等）技术，增材制造是一种自下而上材料累加的制造工艺。自20世纪80年代开始，增材制造技术逐步发展，期间也被称为材料累加制造（Material Increase Manufacturing）、快速原型（Rapid Prototyping）、分层制造（Layered Manufacturing）、实体自由制造（Solid Free-form Fabrication）、3D喷印（3D Printing）等。名称各异的叫法分别从不同侧面表达了该制造工艺的技术特点。

　　制造技术大致可分为三种方式。其一是材料去除方式，也称为减材制造，一般是指利用刀具或电化学方法，去除毛坯中不需要的材料，剩下的部分即是所需加工的零件或产品。其二是材料成形方式，也称为等材制造技术，铸造、锻压、冲压等均属于此种方法，主要是指利用模具控形，将液体或固体材料变为所需结构的零件或产品。这两种方法是传统的制造方法，例如铸造技术从三千多年前的青铜器时代就开始使用。其三是近20年发展起来的3D打印技术，也称为增材制造，它是用材料逐层累积制造物体的方法。

兽首灯

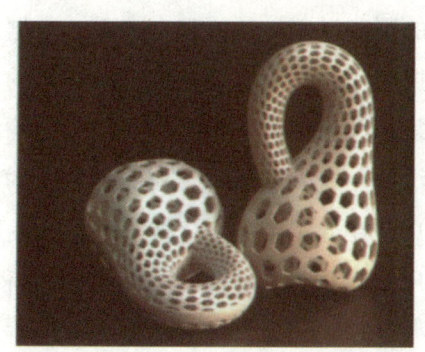

复杂镂空艺术品

美国材料与试验协会（ASTM）F42国际委员会对增材制造和3D打印给予了明确的定义。增材制造是依据三维CAD数据将材料连接制作物体的过程，相对于减材制造，它通常是逐层累加过程。3D打印也常用来表示增材制造技术。在特指设备时，3D打印是指采用打印头、喷嘴或其他打印技术沉积材料来制造物体的技术，其设备的特点是价格相对低或功能较低。

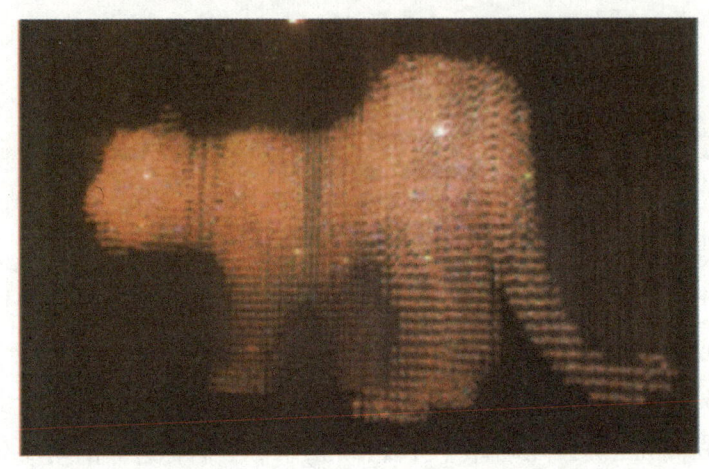

猛兽灯

从更广义的原理来看，以设计数据为基础，将材料（包括液体、粉材、线材或块材等）自动地累加起来成为现实体结构的制造方法，都可视为增材制造技术。

增材制造是数字化技术、新材料技术、光学技术等多学科发展的产物。其工作原理可以分为两个过程：其一是数据处理过程，利用三维计算机辅助设计（CAD）数据，将三维CAD图形分切成薄层，完成将三维数据分解为二维数据的过程；其二是制作过程，依据分层的二维数据，采用所选定的制造方法制作有与数据分层厚度相同的薄片，每层薄片按序叠加起来，就构成了三维实体，实现了从二维薄层到三维实体的制造过程。从原理上来看，数据从三维到二维是一个"微分"过程，依据二维数据制作二维薄层叠加成三维物体的过程是一个"积分"的过程。这一过程是将三维复杂结构降为二维结构，二维结构制作都可以实现，然后再由二维结构累加为三维结构。这一制造思想相对于传统的制造模式是一种变革，然而这一思想很早就有，只是在近30年数字化技术的不断发展下成熟，进而物化为一个自动化装备。

采用这种原理，人们可以在制造过程中发挥想象力，创造各种各样的成形方法，这一过程也成为人们展示创造力的舞台。例如，采用光化学反应的原理，研制出来光固化成形方法，利用叠纸切割的物理方法，研制出叠层制造方法，利用喷胶黏结的方法研制出三维喷射成形方法，利用金属熔焊的原理研制出金属熔覆成形方法等。这些现象表明，制造技术已经从传统的制造技术向多学科融合发展，物理、化学、生物、材料等新科学技术的发展给制作技术的提升带来了新的生命力。由此给制造技术带来了巨大的变革，更为重要的是这一工业装备逐步走向生活，使得创造更加容易，变过去繁重和枯燥的劳动为人们创造和创新生活的乐趣。

第二节　3D打印的优势以及面临的局限

一、3D打印的优势

1. 适合复杂结构的快速制造

与传统机加工和模具成形等制造工艺相比，增材制造技术将三维实体加工变为若干二维平面加工，大大降低了制造的复杂度。就原理而言，只要在计算机上设计出结构模型，都可以应用该技术在无刀具、模具及复杂工艺条件下快速地将设计变为现实。制造过程几乎与零件的结构复杂性无关，可实现"自由制造"，这是传统加工无法比拟的。利用增材制造技术可制造出传统方法难加工（如自由曲面叶片、复杂内流道等）、甚至是无法加工（如内部镂空结构等）的复杂结构，在航空航天、汽车/模具及生物医疗等领域具有广阔的应用前景。

内部镂空结构的3D打印产品

2. 适合个性化定制

与传统大规模、批量生产需要做大量的工艺技术准备以及大量的工装、复杂而昂贵的设备和刀具等制造资源相比，增材制造在快速生产和灵活性方面极具优势，适合于珠宝、人体器官、文化创意等个性化定制生产、小批量生产以及产品定型之前的验证性制造，可大大降低个性化、定制生产和创新设计的加工成本。

3. 适合于高附加值产品制造

增材制造技术的诞生只有20多年，相比传统制造技术是非常年轻和不成熟的。现有大多数增材制造工艺的加工速率较低（如单位时间内制造的体积或重量）、零件加工尺寸受限（最大约为2米）、材料种类有限，主要应用于成形单件、小批量和常规尺寸制造，在大规模生产、大尺寸和微纳尺度制造等方面不具备优势。因此，增材制造技术主要应用于航空航天、生物医疗以及珠宝等高附加值产品，且主要用于大规模生产前的研发与设计验证以及个性化制造。

二、增材制造技术目前面临的局限

增材制造技术是一项以三维CAD模型为加工数据的数字化制造技术。从国内外的研究和应用情况看，增材制造较传统机加工、铸、锻、焊以及模具工艺的技术成熟度低，离大范围应用尚有一定差距。应用的主要局限性在于材料适用范围比较少、制件的精度比较低、后处理比较烦琐等问题。应该说，增材制造难以替代传统制造工艺，它是传统技术的一个发展和补充。增材制造技术的应用还有许多问题，这些问题会随着研究和工程应用的深入而不断解决。例如，目前我国已经可以用激光3D打印技术制造长为2米的钛合金金属零件。该技术在飞机研制方面起到了关键作用。

第三节　3D打印的起源

长久以来，科学家和技术工作者一直有着一个用机器制作立体模型的设想，科幻电影中也常出现这样的镜头，成龙的《十二生肖》中制作生肖头像的神奇技术让大家大为惊奇。这个神奇的技术思想来源就是3D打印，3D打印技术的核心制造思想在美国早已经出现。

1892年，J.E.Blanther在其美国专利中建议用分层构造法构建立体地形图，首创了叠层制造原理。

1902年，CarIo Baese的专利提出了用光敏聚合物制造塑料件的原理。

1904年，Perera提出了将硬纸板切割出轮廓线，再将这些纸板粘接成三维地形图的方法。

20世纪50年代后，出现了几百个有关3D打印的专利。尤其在80年代后期，3D制造技术有了根本性的发展，出现的专利更多，仅在1986—1998年间注册的美国专利就有24个。1982年，日本名古屋市工业研究所首次公开实现实体模型的印制；1986年，查尔斯·W·赫尔（Chuck Hull）发明的立体光刻成型技术（Stereolithography Appearance，SLA）被授予了专利，所以我们认为发明现代3D打印机的人是查尔斯·W·赫尔；1988年，Feygin发明了分层实体制造；1989年，美国得克萨斯州大学奥斯汀分校的Deckard博士发明了选择性激光烧结技术（Selective Laser Sintering，SLS），其实在1979年，类似的过程已经由RF Housholder得到专利，但没有被商业化。1992年，Crump发明了熔融沉积制造技术（Fused Deposition Modeling，FDM），随后美国麻省理工学院（MIT）的E.M.Scans和M.J.Cima等首先提出了3D打印技术的概念，并创建了3D打印企业Z Corp。

随着3D打印专利技术的不断发明，相应地用于生产的设备也被研发出来。

1988年，美国的3D Systems公司根据查尔斯·W·赫尔的专利，生产出了第一台现代3D打印设备——SLA-250（光固化成型机），开创了3D打印技术发展的新纪元。

光固化成型机

在此后的十年中，3D打印技术蓬勃发展，涌现出了十余种新工艺和相应的3D打印设备。

1991年，Stratasys公司的FDM设备、Cubital的实体平面固化（Solid Ground Curing，SGC）设备和Helisys的LOM（Laminated Object Manufacturing，分层实体制造）设备都实现了商业化。

1992年，DTM（现在属于3D Systems公司）的SLS技术研发成功。

1994年，德国公司EOS推出了EOSINT选择性激光烧结设备。

1996年，3D Systerns公司使用喷墨打印技术制造出其第一台3D打印机——Actua

2100。同年，Z Cotp也发布了Z402 3D打印机。

近年来，随着3D打印技术的推广和媒体的广泛报道，除了军工、工业制造等传统领域，3D打印机开始走向民用，国内外出现了巧克力、陶瓷、黏土、纸张等多种材料、小型化的3D打印机，甚至连面向教育界的儿童3D打印机都已经问世，如下图所示。

巧克力3D打印机

儿童3D打印机

第四节 3D打印机分类及常见的3D打印机

一、3D打印机的分类

现阶段3D打印存在着许多不同的技术，因此出现基于不同技术的3D打印机，它们的不同之处在于使用打印材料的方式，并以不同层来构建创建部件。每种技术都有各自的优缺点，有些技术利用熔化或软化可塑性材料的方法来制造打印的"墨水"，例如选择性激光烧结（SLS）和熔融沉积制造技术（FDM）；还有一些技术是用液体材料作为打印的"墨水"的，例如立体光刻成型（SLA）、数字光处理（DLP）。部分打印机采用的技术和材料见下表。

部分打印机采用的技术和材料

3D打印机采用的累积技术	基本打印材料
选择性激光烧结（Selective Laser Sintering，SLS）	热塑性塑料、金属粉末、陶瓷粉末
直接金属激光烧结（Direct Metal Laser Sintering，DMLS）	几乎任何合金
熔融挤压堆积成型（Fused Deposition Modeling，FDM）	热塑性塑料、可食用材料
立体光刻成型（Stereolithography Appearance，SLA）	光硬化树脂（光敏树脂）
数字光处理（Digital Light Processing，DLP）	液态树脂
熔丝制造（Fused Filament Fabrication，FFF）	聚乳酸、ABS树脂
融化压模式（Melted and Extrusion Modeling，MEM）	金属线、塑料线
分层实体制造（Laminated Object Manufacturing，LOM）	纸、金属膜、塑料薄膜
电子束熔化成型（Electron Beam Melting，EBM）	钛合金
选择性热烧结（Selective Heat Sintering，SHS）	热塑性粉末
粉末层喷头3D打印（Powder bed and inkjet head 3D Printing，3DP[①]）	石膏粉末

注：①又被称为Three Dimensional Printing and Gluing（三维喷涂黏结成型）。

二、常见的3D打印机

常见的3D打印机介绍如下：

1. FDM（熔融挤压堆积成型）3D打印机

FDM 3D打印机工艺的关键是保持半流动成型材料刚好在熔点之上（通常控制

在比熔点高1摄氏度左右）。FDM喷头受CAD分层数据控制使半流动状态的熔丝材料（丝材直径一般在1.5毫米以上）从喷头中挤压出来，凝固形成轮廓形状的薄层。每层厚度范围在0.025~0.762毫米，一层叠一层最后形成整个零件模型。此种工艺应用较广。

FDM工艺使用的原材料是热塑性材料，如ABS、PC、PLA等丝状供料，精度为0.025~0.762毫米。

FDM 3D打印机的特点：

（1）系统构造原理和操作简单。

（2）维护成本低，系统运行安全。

（3）可以直接用于失蜡铸造。

（4）可以成型任意复杂程度的零件。

（5）支撑去除简单，无须化学清洗。

2. SLS（激光烧结）3D打印机

SLS 3D打印机采用CO_2激光器作为能源，目前使用的造型材料多为各种粉末材料。在工作台上均匀铺上一层很薄（100~200微米）的粉末，激光束在计算机控制下按照零件分层轮廓有选择性地进行烧结，一层烧结完成后再进行下一层。全部烧结完成后去掉多余的粉末，再进行打磨、烘干等处理，便获得零件。目前，成熟的工艺材料为蜡粉及塑料粉、金属粉、陶瓷粉，如尼龙、ABS、树脂裹覆砂（覆膜砂）、聚碳酸酯等。

SLS 3D打印机的特点：

（1）可制作金属制品。

（2）可采用多种材料。

（3）制作工艺比较简单。

（4）无须支撑结构。

（5）材料利用率高。

3. 3DP（粉末层喷头）3D打印机

3DP成型工艺的原理是将粉末由储存桶送出一定分量，再以滚筒将送出的粉末在加工平台上铺上一层很薄的原料，喷嘴依照3D计算机模型切片后获得的二维层片信息喷出黏着剂，黏着粉末。做完一层，加工平台自动下降一点，储存桶上升一点，刮刀由升高了的储存桶把粉末推至工作平台并把粉末推平，再喷黏着剂，如此循环便可得到所要的形状。该种工艺是目前唯一可打印全彩色样件的3D打印工艺。

3DP 3D打印机使用的材料为粉末材料,如石膏粉末;精度为0.013~0.1mm。

3DP 3D打印机的特点:

(1)成型速度快。

(2)可以制作彩色原型。

(3)粉末在成型过程中起支撑作用,且成型结束后,比较容易去除。

4．SLA(立体光固化成型)3D打印机

SLA 3D打印机用特定波长与强度的激光聚焦到光固化材料表面,使之由点到线,由线到面顺序凝固,完成一个层面的绘图作业,然后升降台在垂直方向移动一个层片的高度,再固化另一个层面,这样层层叠加构成一个三维实体。

SLA 3D打印机的特点:

(1)发展时间最长,工艺最成熟,应用最广泛。在全世界安装的快速成型3D打印机中,光固化成型系统约占60%。

(2)成型速度较快,系统工作稳定。

(3)具有高度柔性。

(4)精度很高,可以做到微米级别,比如25微米。

(5)表面质量好,比较光滑,适合做精细零件。

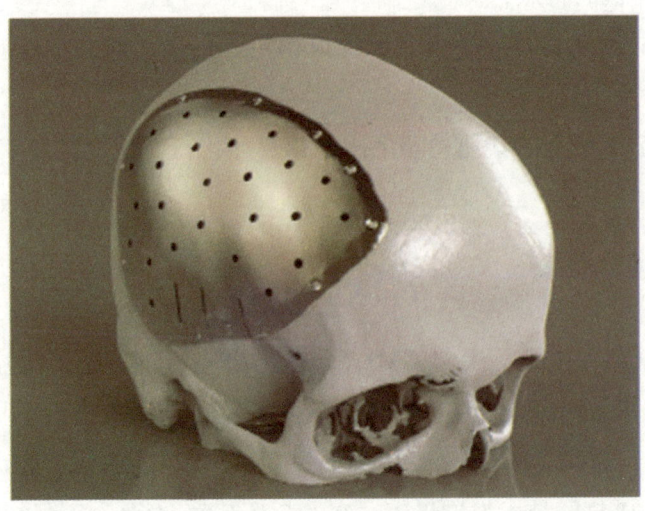

颅骨植入物的3D打印

5．BLP(数字光处理)3D打印机

DLP数字光处理工艺的成型原理与SLA光固化成型技术相似,都是利用感光聚合材料(主要是光敏树脂)在紫外光照射下会快速凝固的特性。不同的是,DLP技术使用高分辨率的数字光处理器投影仪来投射紫外光,每次投射可成型一个截面。因此,从理论上,速度也比同类的SLA快很多。精度为0.1~0.2毫米。

DLP 3D打印机的特点:

(1)成型过程自动化程度高。

(2)尺寸精度高。

(3)优良的表面质量。

(4)使CAD数字模型直观化,降低错误修复的成本。

(5)加工结构外形复杂或使用传统手段难以成型的原型和模具。

6. CLIP（Continuous Liquid Interface Production，持续液态界面生产）3D打印机

CLIP 3D打印机是应用最新出现的持续液态界面生产技术,此技术依赖于特殊的透明透气"窗户",供光和氧气进入。这些"窗户"类似于大型隐形眼镜。打印机可以控制氧气进入树脂池的总量及时间。进入树脂池的氧气会抑制某部分树脂固化,与此同时,光会固化剩余的液态树脂。树脂池中有氧气的地方会形成几十微米厚的"死水区域"(约为2~3个血红细胞的直径),此处无法发生光聚合反应。然后,打印机用紫外线光照使剩余树脂固化,从液体中"生长"出来。

CLIP 3D打印机的特点:

(1)CLIP技术更像注塑零件,能保证稳定、可预测的力学性能,外表光滑,内部结实。

(2)比目前市场上的其他光固化技术3D打印机打印速度快25~100倍。

第五节　3D打印的应用趋势

3D打印的原理和优点,决定了3D打印这项集光、机、电、数控及新材料于一体的先进制造技术,可以广泛应用于航空航天、军工与武器、汽车与赛车、电子、生物医学、牙科、首饰、游戏、消费品和日用品、食品、建筑、教育等众多领域。尤其是近年来,3D打印技术发展迅速,在各个环节都取得了长足进步。通过与数控加工、铸造、金属冷喷涂、硅胶模等制造手段结合,该技术已成为现代模型、模具和零件制造的有效手段。

我们可以从以下几个主要的领域来展示3D打印技术在现阶段以及未来的应用趋势。

一、工业制造

产品概念设计、原型制作、产品评审、功能验证：制作模具原型或直接打印模具，可以直接打印产品。3D打印的小型无人飞机、小型汽车等概念产品已问世。

3D打印的汽车

二、文化创意和数码娱乐

用于形状和结构复杂、材料特殊的艺术表达载体。科幻类电影《阿凡达》运用3D打印覆盖了部分角色和道具，3D打印的小提琴接近了手工艺的水平。

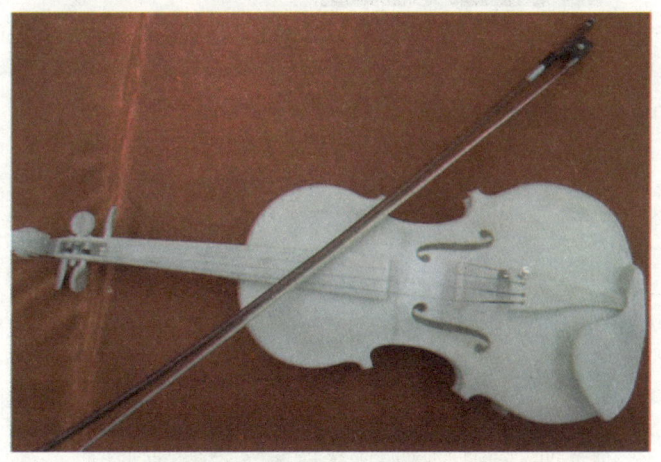

3D打印的小提琴

三、航空航天

国防军工：用于复杂形状、尺寸微细、特殊性能的零部件、机构的直接制造。

3D打印

美国宇航员在失重状态下测试3D打印机

四、生物医疗

在生物医疗方面，3D打印已经可以制作人造骨骼、牙齿、助听器、义肢等，未来甚至可以打印人体可以替代的细胞和器官。

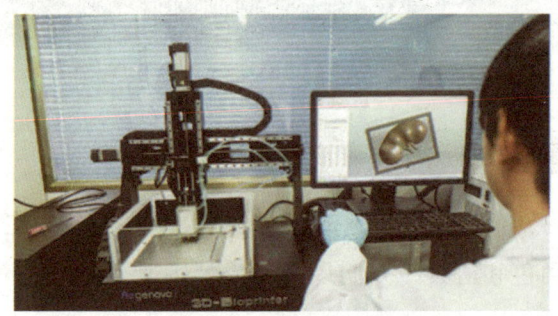

生物组织的3D打印机

五、消费品

用于日常生活中珠宝、服饰、鞋类、玩具、创意DIY作品的设计和制造。

3D打印机打印的创意DIY作品

六、建筑工程

用于建筑模型风动实验和效果展示、沙盘模型等，便于建筑工程和施工（AEC）模拟。

3D打印机打印的建筑模型

七、教育

用3D打印的模型来验证科学假设，用于不同学科的实验、教学、教具。在北美的一些中学、普通高校和军事院校，3D打印机已经被用于教学和科研；我国的高校和中小学，3D打印机会越来越多地走进课堂。

八、个性化定制

3D打印的数据文件可以远程传输，因此可以开展基于网络的数据下载、电子商务的个性化打印定制服务，3D打印技术在未来将革命性地改变日常生活。

第六节　3D打印的未来

近代工业革命之前的制造业依托于小作坊的手工制造，其产品具有个性化和艺术化的特征，但由于手工可以利用的生产工具十分简单，因此生产效率极其低下，只能满足十分单一且简单的需求。今天的手工制造除了在少量艺术性的需求方面还有所保留外，基本上与制造技术无缘了。工业革命以机械自动化的大规模生产方式，极其显著地提高了社会生产力，可以高效率、低成本地满足社会需求。而且由于可以利用的先进技术越来越多，制造产品的结构复杂度、形状和尺寸精度以及使用性能等方面都获得了长足的发展。但机械化的大规模生产的优势却局限于生产大量完全相同的产品，在应对越来越丰富多彩的社会需求方面显示出局限性。进入信息化时代之后，信息技术提供了满足柔性化和多样化社会需求的技术基础。也许是人类本性中存在着个性化和多样化的需求本能吧，信息化技术极大地激发了社会多样化的发展需求。30多年前未来学家托夫勒在《第三次浪潮》一书中，对这种新时代的特征进行了淋漓尽致的刻画。增材制造技术正是在制造技术领域最大限度满足社会个性化和多样化产品需求的代表性技术，因此一经诞生就风靡世界。

通过增材制造技术，数字化设计仅仅通过几个鼠标的点击即可实现实体制造。美国国防分析学院也在《先进制造全球新趋势》一文中预言增材制造技术将会改变未来的产品设计、销售、交付模式，使大规模定制和设计的简单化变为可能。2013年科学美国人将"三维打印技术步入实用阶段"作为2012年十大科学新闻。认为三维打印技术将在制造业和科研领域引发一场革命。在不久的将来，从鞋、眼镜到厨房用具等各种产品上，这种大规模定制化生产方式最终将替代传统的规模化生产方式（即注塑模型的生产方式）。未来，制造业将彻底摆脱集中式管理模式，人们将不再需要工厂，生产线和装配线也会随之消失。摆脱了传统工厂束缚的叠加工艺可让每个人生产出一些以前被认为制作起来太复杂而不经济的产品。此外，增材制造有可能打印出整个物品，从而省去了传统制造业中将零部件用螺栓拴住或焊接在一起的装配工艺，有些增材制造技术甚至可以一次性制作出带有可活动部件的机器。同时，随着时间的推移，可以预见，只要拥有充足适当的材料，这些惊人的增材制造机器将可能在任何地方，从家庭车库到非洲村落，制造几乎所有的东西。

只要能想象出来的东西，增材制造几乎都能打印出来。这极大地满足了人们想将平面图像制作成立体实物的愿望，刺激了人们无限的想象力。美国麻省理工学院（MIT）开设了一门课程"如何制造任何东西"，课程深受学生欢迎，他们建立了拥有三维打印设备和激光切割机等装备的实验室，让学生在那里随意设计和制造产品。目前已经有50多个此类实验室分布在全球17个国家。美国总统奥巴马计划为美国1 000所学校配备这样的实验室。中国也已经有多所学校开始着手建立类似的增材制造实验室。可以看到，增材制造设备正在步入学校，培养每个人，使他们人人都成为创造者。

第一章　走进3D打印

　　增材制造技术正在改变人们的生产方式，使得人们可以按照自己的意愿享受自己的生活。比如，商店安装增材制造机器，顾客可以自己设计首饰甚至衣服和鞋子，自己定制形状、颜色和材质，然后再打印出想要的东西。这既能使顾客免除遍寻不着的苦恼，还使得每一件商品更具独特性。不久的将来，食物打印机极有可能入主年轻人的厨房，无论是做蛋糕、做菜，还是情人节的浪漫大餐，只需几分钟就能轻松搞定。省时省力，干净卫生，而且可以定量进行营养搭配。家里的餐具可以定制，树脂碗盘可以随意打印出来。创造融入我们的生活，创造成为生活乐趣的来源，这一切都归功于增材制造技术，使得人们从幻想到制造变得异常简单。

　　美国《时代周刊》公布了2012年最佳发明，一款体积小巧的增材制造机器（3D打印机）名列其中。2011年，全世界就已有接近2.4万人拥有家用3D打印机了。在全球购物网站eBay上，可以搜到售价在2 000美元以下的家用3D打印机。在我国的购物网站淘宝网上，也已经可以搜到售价在4 000元以下家用3D打印机。有一天，3D打印机将像电视机一样，走进每一户寻常人家。至于普通人能用它来做什么，除了可以发挥孩子无穷无尽的创造力，让他们打印各种个性化的玩具以外，3D打印机还可以为你制造各种日用品。当你想要一个新杯子时，你不用跑去超市，只需在电脑上设定程序，选定颜色和材质，就可以马上拥有。由此可见，随着未来科技的发展，普通人拥有一台符合自己需求的3D打印机已不是梦想。在不久的未来，也许我们可以拥有一个没有工厂、没有商店的世界，大家都是设计师，人人都是制造者，只要身边摆一台3D打印机，你就可以得到你想要的东西，人人都会成为创造者。

　　如同前人无法预料1450年的印刷术、1750年的蒸汽机，还有1950年的半导体对人类进步所带来的影响一样，我们今天也无法预见增材制造技术的长远影响。但这项新的技术已经向我们走来，而且有可能革新其所涉及的所有领域。

一、航空航天

　　自由地飞翔、探索和开发宇宙一直以来都只是存在于各种科幻小说和电影中。增材制造正在成为我们仅在科幻小说和电影中见过的各式各样个性化、定制航空航天器的开发的重要手段。在未来，直接用增材制造技术在太空中制造各种结构、功能器件，甚至直接打印航空航天器将成为可能。美国航空航天局（NASA）正在研究用增材制造技术制造出更方便廉价的火箭关键部件，如左图所示。据NASA预测，打印出的零件最快2017年就可以上天，而迫不及待的美国网民已经编出了上月球前临时打印火箭的笑话。"明天就要出发去月球了,我们的火箭呢?""在我的U盘里,我马上就去打印出来。"

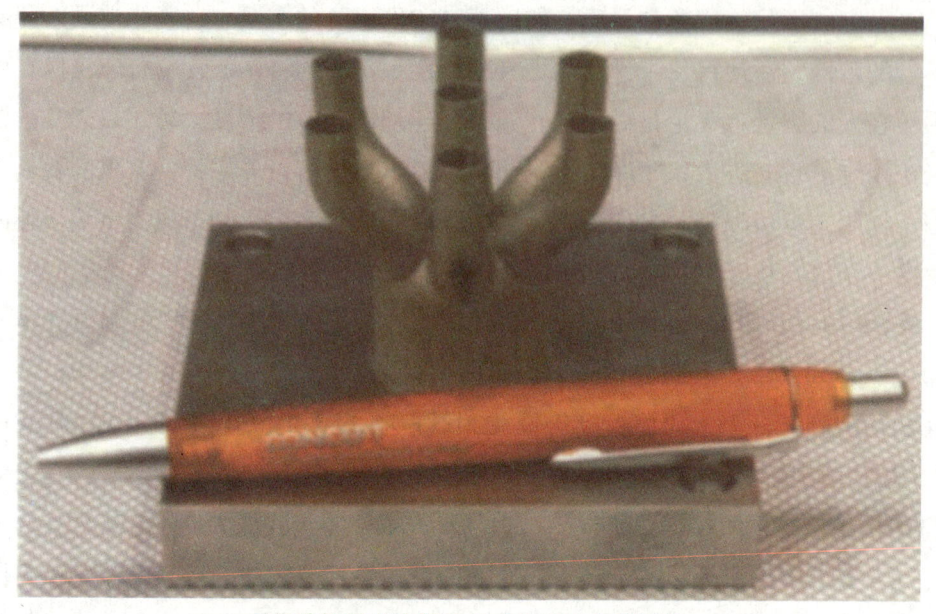

采用选择性激光熔化技术制造的火箭零件

同时,太空翱翔也离不开增材技术的保障。大型空间站和航天器长期在太空运行,如果出现关键零件破损,等待地面运送备件的时间太长,可能影响空间站和航天器的正常运行,这时,采用增材制造技术在空间站和航天器内就地制造是最佳解决方案。NASA已经开始研发建造可用于下一代空间站的增材制造技术装备,他们已分别在地面和模拟太空环境下(抛物飞行)完成了飞船典型零件的制造。同时,NASA委托Made in space公司和其他多家公司,正在研究适合于微重力制造,具有高鲁棒性的增材制造技术和装备。

二、生物医疗

由于世界各国人口不断增加,社会老龄化加剧以及工业、交通、自然灾害等原因、使得各种创伤不断增加;同时随着经济的发展、物质生活水平的提高以及医疗水平的进步和医疗保障体系的不断完善,越来越多的人希望通过医疗手段能对创伤进行治疗和修复,甚至对病变器官进行植入和更换。特别是,近年来植入治疗已经成为恢复组织、器官的结构与功能的一种重要手段。而具有高度柔性化特点的增材制造技术,由于可以针对患者个体实现植入体的个性化设计与快速制作,在生物

第一章　走进3D打印

医学领域应用将变得越来越广泛。目前，增材制造技术已可以和组织工程相结合，制作出个性化的、外形复杂的、性能优越的颌骨、股骨、颅骨、颧颞骨和关节等人工代用器官，应用于颌面外科、骨科、颅面外科、眼耳鼻喉科、整形科等学科领域。2012年，一个由比利时和荷兰的专家组成的团队宣布，成功给一名83岁的荷兰老妪安装了一块用增材制造技术制造出来的金属下颌骨。它包括多个人工关节，上面还有让肌肉附着的空腔以及引导神经和血管生长的凹槽。据悉，这种手术的优势是植入物完全符合病人身体情况，手术时间和住院时间都能缩短，减少病人的医疗费用。目前，已经有越来越多的医院采用增材制造的器官模型进行手术治疗前的准备。而在将来，人们将有可能直接采用增材制造的生物器官进行移植。

美国康奈尔大学研究人员在《公共科学图书馆综合卷》上发表报告称，他们利用牛耳细胞在3D打印机中打印出人造耳朵，可以用于先天畸形儿童的器官移植。3D打印人造耳朵的优势在于能够个性化"定制"，以帮助失去部分或全部外耳的人士。也许未来的有一天，我们可以说："想换颗年轻的心吗？我们打印一颗！"

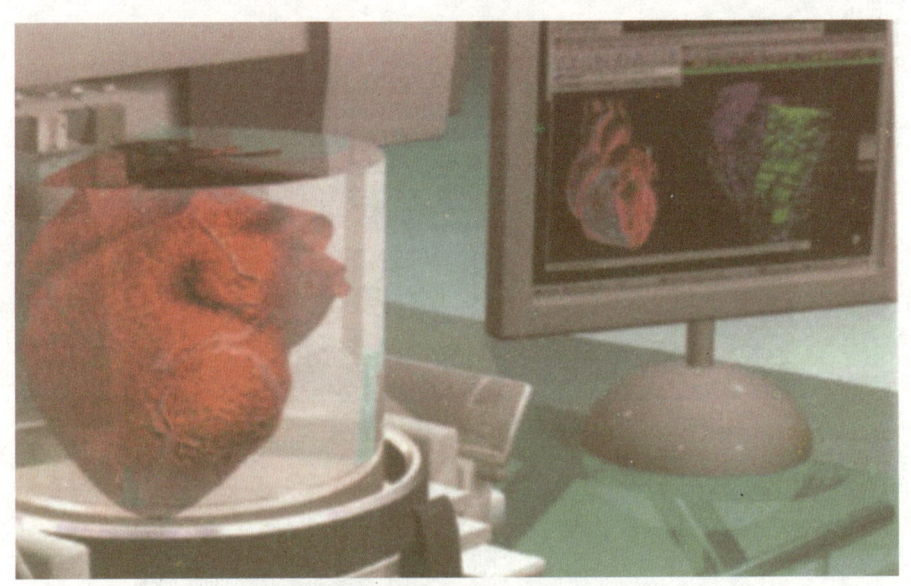

采用3D生物打印机打印心脏

三、集成电路

信息化时代离不开集成电路，未来的大数据时代更离不开集成电路，而增材制造的实现同样离不开集成电路。超大规模三维集成电路的发展决定了信息化时代的步伐。未来的增材制造技术，将可在制造过程中灵活实现多种材料在宏观、微观、纳观，甚至原子尺度上的任意复合和内部结构任意控制，这使得超大规模三维集成电路的增材制造将成为可能。美国OPTOMEC公司采用增材制造技术制造的三维集成电路和集成控制电路的无人机机翼，其中空间互联电路采用金属银、金等的纳米粉打印。

四、大型建筑

衣食住行是人们生活上的基本需要，是我们每个人都离不开的，从衣食住行的变化可以清晰地看到社会的飞速发展。从前文的叙述可以看到，增材制造技术已经开始广泛渗入人们的衣、食、行等领域，而住——建筑亦概莫能外。近日，荷兰建筑事务所Universe Architecture，英国伦敦的Softkill Design建筑设计工作室和美国的DUS建筑事务所分别计划采用大型3D打印机创造一座"没有起点也没有终点"的莫比乌斯带观景平台，一个怪异的像蜘蛛网式构件的悬臂房屋。这些采用增材制造技术建筑的房屋最早将于2013年中建成。也许，在不久的将来，我们很快就会拥有一座3D打印的家。

"莫比乌斯带"观景平台

蜘蛛网式房屋

第一章　走进3D打印

随着太空开发和探索的进行，增材制造的建筑已经不限于我们生活的地球，正向更广阔的外太空发展。欧洲航天局已委托Forster+Parterners建筑公司研发在月球上，利用月球的土壤，采用增材制造技术打印适合宇航员居住、生活和工作的空间站(见上图)。也许，这在不久的将来很快会变为现实。

3D打印的月球基地建筑（引自Forster+Parterners建筑公司）

可以看到，增材制造技术生产的产品正日益广泛地向我们扑面而来，也许有一天，我们将四处面对增材制造技术创造的生活。你准备好了么？

3D打印，打印梦想，打印未来！

第二章 3D打印机的硬件准备

第一节 框架

Reprap 3D打印机硬件主要由电子部分、机械部分和框架部分组成。电子部分包括电源、系统板、主板、步进电动机驱动板、温度控制板（如果采用热敏电阻测温则一般不用温度控制板）、加热喷嘴、热电偶（或者热敏电阻）、加热床等；机械部分大部分采用步进电动机带动同步带的方式，有的使用滑台组成X、Y、Z轴，所以需要步进电动机、支架、同步轮、同步带等。本节主要讲的是框架。

Reprap 3D打印机系列框架主要由常见的材料构成，其中螺纹丝杠标准件和3D打印塑料件的使用非常广泛，几乎所有的Reprap 3D打印机都使用了这些材料。

一、盒子框架3D打印机系列

盒子框架3D打印机系列如MakerBot、Ultimaker 3D打印机，框架由激光切割的木板或者亚克力组成。这种结构要比Reprap系列打印机更容易组装，调试校准更简单准确，缺点是振动有些过大。最近很多厂商生产的这种类型的3D打印机大部分由一体成型的白钢或者铝合金框架组成，优点是结构更为稳定，振动更小；缺点是价格高，结构复杂，改造困难。

MakerBot 3D打印机

二、三角稳定结构框架

Prusa i3的基础设计属三角稳定结构框架，其中大部分零件使用五金店出售的标准件。标准件既便宜又实用，是搭建个人桌面级3D打印机的不二之选。除了标准件之外，主要使用了两种定制零件，激光切割板材和3D打印塑料件。这些3D打印的塑料件主要做连接部分，并且其他材料也都可以轻松找到对应的原料商和加工厂。

Prusa i3 3D打印机

三、三臂并联框架3D打印机系列

三臂并联框架3D打印机系列如Rostock3D打印机，框架由铝型材或者木板构成，连接的塑料部件可以由爱好者自己的3D打印机打印而成。

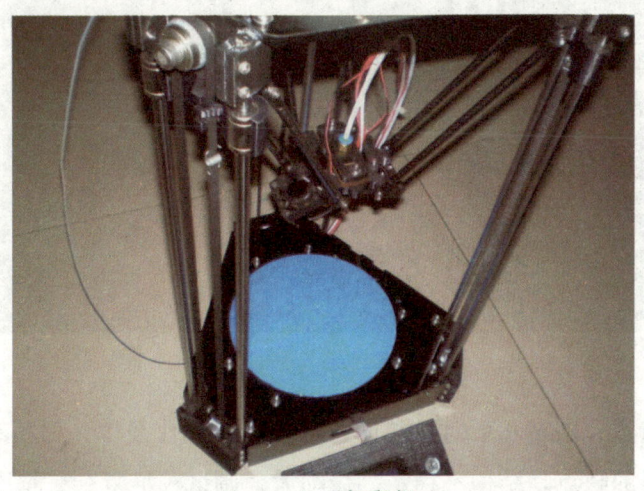

Rostock3D打印机

3D打印

> **小知识**
>
> Rostock为线性三角洲原型机，Kossel、Rostock Mini、Rostock Max、Rostock- Montpellier、Rostock Prisama、Delta-pi、Cerberus、Cherry Pi、ProStock 都是它的衍生机型，Kossel也有很多衍生机型。

而Kossel Mini 3D打印机采用了国外进口铝型材和打印塑料件。三角形结构增加了框架稳定性，提高了打印速度，但是由于使用了3D打印件，结构刚性不足，打印过程中机器晃动严重，并且联动着打印头也晃动，影响了打印精度，尤其在打印小部件的时候。最近有铝合金连接件替代3D打印塑料件的解决方法，机器稳定性明显增强，缺点是铝合金连接件需要开模定做，价格昂贵。

Kossel Mini 3D打印机

基于以上特点，Reprap系列3D打印机优点在于制作简单，材料易于获得，价格比较低廉；明显的缺点是结构不稳定，振动大，调试校准复杂，精度不能保证。

第二章 3D打印机的硬件准备

第二节 步进电动机及其驱动器

一、步进电动机

简单来说，步进电动机是通过电流脉冲来精确控制转动量的电动机，电流脉冲是由电动机驱动单元供给的。步进电动机是整个3D打印机的动力来源，因此步进电动机的质量，对于3D打印机的工作状态是非常关键的。不同厂商的步进电动机，质量差异很大。好的步进电动机，工作噪声小，发热量小，运行平滑稳定，转矩也足够大。对于集成T形丝杠步进电动机来说，T形丝杠还要足够直。满足以上全部这些要求，才能算是好的步进电动机。3D打印机常用的步进电动机类型为42型步进电动机，常见的Reprap Mendel Pmsa系列、MakerBot、Ultimaker、KosselMini 都使用了42型步进电动机。同样也有些3D打印机为了追求小型化而使用37型步进电动机（如Huxley）。

步进电动机

下面介绍步进电动机各项参数，以及选购中的注意事项。

1. 步进角

常见的步进电动机步进角度为1.8°，同样也有大步进角步进电动机，然而为了3D打印机打印得更精确，我们需要小的步进角度，甚至使用0.9°步进角的步进电动机，打印更平稳，转矩更大，精度更高，缺点是最大转速降低了。

2. 级数

原则上Reprap 3D打印机单双级都能用，但大部分3D打印机都使用双极步进电动机。双极步进电动机内部有两组独立的线圈，每组线圈都需要单独的驱动电路。单极步进电动机同样也有两组线圈，而每组线圈中间多接出一根引线，这样就可以简单地改变每一组线圈的磁极方向，而双极步进电动机只能靠驱动电路改变电流的方向来改变磁极方向，所以单极步进电动机驱动电流相对简单，但单级步进电动机只使用了一半的线圈，在同等体积的情况下没有双极步进电动机转矩大。单极步进电动机大部分有5根或6根引线，而双极步进电动机有4根或8根引线。

3. 细分

步进电动机都有固定的步进角，通过给每组线圈发送正弦波或者余弦波增加步进电动机步数，从而使每步的步进角减小，提高了步进电动机的精度和驱动频率，降低了振动，但是却减小了电动机的转矩。当步进电动机驱动大负载，大摩擦力，或者高速往复运动，细分数高于二分之一步进角时，就不能提高步进电动机的定位精度，而在小负载时却能很大地提高定位精度。

4. 步进电动机保持转矩

虽然步进电动机并不像直流减速电动机、直流伺服电动机那样可以提供大转矩和保持力矩，却可以简单精确地控制移动距离。直流减速电动机、直流伺服电动机实现精确地控制移动距离需要复杂的闭环控制系统和驱动电路。最早设计的Mendel 3D打印机需要X、Y、Z轴步进电动机13.7牛·厘米的保持转矩来避免转矩不足产生的丢步问题。最近越来越多的成功案例使用更小转矩的步进电动机，一般这种3D打印机设计得会更精密，摩擦力更小。甚至很多开源设计3D打印机并不要求步进电动机的保持转矩。在3D打印机设计中保持转矩一定是越大越可靠，但同样也增加了重量和体积。

5. 尺寸

3D打印机使用的步进电动机尺寸大多是42型步进电动机（宽和高均为42毫米），步进电动机的长度代表其功率和转矩大小，长度越长其功率、转矩越大。常见的长度为37毫米、40毫米、47毫米。有些3D打印机也使用了37型步进电动机（宽和高均为37毫米），相比42型步进电动机更轻便、简洁。但37型步进电动机通常需要以极限转矩运行，增加了步进电动机的表面温度，甚至发烫。

6. 接线

Reprap系列3D打印机控制板一般适用4线、6线、8线步进电动机，而5线步进电动机并不支持。步进电动机接线时需要按照步进电动机说明书接线,但是很多厂家并不提供详细的说明书,这时我们需要使用万用表进行测量。

4线步进电动机有两组线圈,每组都有两根引线,使用万用表测量任意两根引线,连通的为同一线圈,找到两组线圈接入步进电动机驱动,如果发现步进电动机行进方向相反,可以任意调换同一线圈的两根引线。另一种方法是把步进电动机任意两根引线短接,转动出轴,转动困难的两根引线就为同一线圈。

6线步进电动机同样有两组线圈,而每一组线圈中间多接一根引线,使用万用表测量任意两根线之间的电阻,找到电阻最大的两组接入步进电动机驱动。

8线步进电动机拥有A、B两相,4组线圈(A相两组线圈,B相两组线圈),用万用表测量8根引线之间的电阻找到四组线圈引线,任意两组线圈接入步进电动机驱动,如果步进电动机可以正常运转,代表两组线圈不在同一相上;如果步进电动机不能转动,证明这两组线圈属于同相线圈。接下来剩下两组线圈任意一组串联到A相线圈,如果步进电动机转动,证明为A相另一组线圈;如果步进电动机不转动,将这组线圈正负对调后再试一次;如果步进电动机还不转动,证明此组为B相另一组线圈,同样用上面的方法找到最后一组极性。

6线步进电动机也可以看作为4组线圈,每相的两组线圈各一根引线接到一起,使用时可以单独使用不同相的两组线圈,也可以把两组线圈分别串联使用。8线步进电动机中可以把两相四线线圈中每相任意一组线圈单独使用,也可以把每一相线圈并联或者串联使用。两相线圈分别串联时(低速接法),每相的总电阻增加,发热减小,在低速运动时,电动机转矩增大,但由于串联使得每相电感较高,转速升高时力矩下降很快,电动机高速性能不好,这种接法需要调节驱动器驱动电流为电动机相电流的70%。两相线圈分别并联时(高速接法),每相的总电阻减少,电感减小,转速升高,力矩下降较弱,电动机高速性能好,而低速转矩却降低了很多,这种接法需要调节驱动器驱动电流为电动机相电流的1.4倍,因而发热较大。

7. 温度

步进电动机温度过高会使电动机的磁性材料退磁,从而导致力矩下降乃至失步。一般磁性材料退磁点都在130摄氏度以上,有的甚至达到200摄氏度以上,所以步进电动机外面温度在80~90摄氏度完全正常。但是,很多3D打印机的电动机座材料是PLA或者ABS,PLA在60摄氏度左右就会软化变形,而ABS在110摄氏度开始软化,所以使用PLA、ABS作为固定电动机座材料时,步进电动机的温度一定不能超过材料的软化温度。当步进电动机温度过高时，可以在步进电动机表面增加风扇主动散热，也可以降低步进电动机的功率来降低温度。根据公式$P=I_2R$可以看出，只需要降低一点电流，功率却降低了很多，而保持转矩仍可以保证，比如电流降低到原来的80%，转矩同样会降低到了80%，而功率会降低到原来的64%（$0.8^2=0.64$）。

8. 功率和电流

由于3D打印机步进电动机采用限流驱动方式，理论上可以不考虑步进电动机的内阻，但是往往步进电动机的内阻和电感会一起作用，电阻大，电感就大，阻碍了电流的变化，启动频率下降，电动机动态性能不好。所以我们在书中组装的3D打印机一般选择电压在3~5伏、电流在1~1.5安的步进电动机，此区间的电动机通常可以达到最佳性能。

二、步进电动机驱动器

3D打印机使用的步进电动机驱动器可以分为三种类型。第一种类型为独立的驱动板，比如Reprap主控板、MakerBot主控板需要插接单独的驱动电路板，这些独立驱动板的驱动芯片使用Allegro A3982，驱动电流可以达到2A，早期这类驱动板使用两片L297/L298驱动芯片。相比最新的驱动芯片，早期的驱动芯片价格昂贵，散热性能不好。早期有些挤出机也会使用独立的直流电动机驱动板（H桥电路），这种驱动器大多不具备过电流、过温、短路保护功能，使用这些电路板一定注意不能把电流（PWM）调得太高，尤其使用小电阻步进电动机时，可能会同时烧毁步进电动机和驱动电路板。

L297驱动芯片

第二种类型为主板可插拔类型的驱动模块，可以直接插接到Sanguinololu、Ramps、Gen7系列的主板上，经常会使用Allegro A4983/A4988 QFN封装的驱动芯片，一般可以提供1~1.5安的驱动电流，最高支持16细分驱动模式。目前使用TI DRV8825驱动芯片的驱动模块渐渐流行起来，可以提供峰值2.5安、持续1.75安的输出电流（良好散热情况下），支持32细分驱动模式，采用TSSOP封装散热性能更好（电流低于1.5安情况下不需要使用散热片），并且可以和A4988驱动模块共同使用。

A4988驱动芯片

DRV8825驱动芯片

第三种类型为集成式驱动模块，大部分使用Allegro A4988/A4982驱动芯片，典型代表是最新的Reprap Melzi 2.0电路板使用了A4982芯片。早期比较常用的电路板Melzi 2.0 1284P、Melzi Ardentissimo 1.0使用了A4988芯片。相比最新电路板集成的A4982具有更多优点，具备低电流自动休眠功能，采用TSSOP封装，散热性能更好，并且大部分情况不需要加装散热片。图为Melzi Ardentissimo和Melzi 2.0驱动芯片。

Melzi 2.0驱动芯片

步进电动机驱动器电流调节：在使用步进电动机驱动器时，爱好者往往会自行调节步进电动机的驱动电流。比步进电动机额定大的驱动电流很容易烧毁电动机驱动芯片，甚至烧毁步进电动机。每种类型的驱动芯片一般都需要连接一个可调电位器给驱动芯片提供一个参考电压（U_{ref}），并且驱动芯片还需要连接两个感应电阻 Rs（驱动芯片内部集成两组H桥电路）。输出电流（$I\_TripMax$）就是根据参考电压和感应电阻来计算的，比如A4988、A4982芯片$I\_TripMax=U_{ref}/$（$8Rs$），DRV8825驱动芯片$I\_TripMax=U_{ref}/$（$5Rs$）。其中，U_{ref}可以用万用表测量可调电位器外壳的对地电压；Rs电阻在驱动电路板上也非常容易找到，大多由两个挨着的阻值为0.05欧、0.1欧或者0.2欧的电阻。更多驱动芯片的电流计算方法请查找芯片厂商提供的数据手册（Datasheet）。

第三节　传动部件

组装3D打印机的传动部件包括同步带、同步带轮、丝杠和联轴器。

一、同步带、同步带轮

3D打印机中X轴、Y轴几乎都使用同步带移动挤出机。常见3D打印机的同步带宽度都为5毫米、6毫米，齿与齿间的距离在2~5毫米，齿形有T形齿和圆弧齿。同步带轮一般和同步带配套使用。

下面介绍常用的同步带和同步带轮。

T5：早期3D打印机常用的同步带，齿距为5毫米，尤其Reprap 3D打印机具有自我复制的特点，经常使用3D打印的同步带轮。很多测试证明，齿距为5毫米的同步带轮是最容易打印的，所以当时Reprap 3D打印机大多都使用T5同步带。

T2.5：随着3D打印技术的发展，对3D打印机定位精度的要求更高，逐渐开始使用T2.5（齿距2.5毫米）同步带和CNC铝制同步带轮，相比以前的T5同步带精度有很大

T5同步带

的提升。

XL和MXL：一批商业性3D打印公司为了提升3D打印机的定位精度，开始使用工业级的同步带，即XL或者MXL同步带。XL同步带齿距为5.08毫米，MXL同步带齿距为2.032毫米。XL、MXL同步带齿形都为圆弧形，相比T形同步带，同步带和带轮间的间隙更小，精度更高。

GT2，HTD-3M：很多3D打印机爱好者使用GT2同步带升级他们的3D打印机，也有很多工业级的3D打印机生产商（比如3D system公司）使用GT2同步带。这种同步带专门为直线运动设计，圆弧齿形，往复运动回差很小（几乎没有），需要使用专用的同步带轮，成本更高，并且只有美国盖茨（GATES）、日本优霓塔（UNITTA）两家生产，同时这种同步带也是这两家厂商的专利产品。HTD-3M在爱好者中并不常使用，很多的3D打印机生产商会选择这种同步带，精度非常高。本书中使用的为UNITTA GT2型同步带。

最后，选择同步带轮时需要注意同步带轮的齿数，齿数多的步进电动机运动的分辨率高，但挤出轮直径增大，转矩下降，适合高转速运动。同步带轮齿数少，步进电动机运动的分辨率虽然低些，但挤出轮直痉减小，转矩增大，适合低速运动。

二、普通丝杠，T形丝杠，滚珠丝杠

T形丝杠一般在商业3D打印机中大量应用，特点是精度有保障，价格低廉，Z轴一致性好，但是这种类型丝杠也避免不了左右晃动。滚珠丝杠一般用在工业级3D打印机上，优点是精度高，一致性好，运动过程中不存在晃动的情况；缺点是价格昂贵，一个高精度、长度为200毫米的滚珠丝杠都要在300元以上。

DIY 3D打印机中经常使用普通丝杠，几乎Reprap 3D打印机都使用了普通丝杠连接框架主体，尤其是8毫米直径的不锈钢丝杠。3D打印机中，普通丝杠也被用作控制Z轴的升降，最早的Mendel 3D打印机就使用了8毫米不锈钢普通丝杠，新一代的Prusa系列打印机使用5毫米的不锈钢普通丝杠。普通丝杠最大的优点是价格非常便宜，五金标准件市场上都能找到，不需要专用螺母（例如普通M5、M8螺母即可），但是往往晃动较大，精度不一致。本书中组装的3D打印机也采用普通丝杠传动方式。

第四节 挤出部件

一、近端挤出机

早期MakerBot 3D打印机最常用的是近端挤出机,并有大量的改造版本,原理大都为轴承和挤出齿之间通过弹簧弹力夹紧打印耗材丝。3D打印机只打印一种材料时,使用近端挤出机最为合适、高效。

韦德挤出机(WadeS Geared Extruder)在爱好者间最为流行,其显著优点是价格实惠(不需要使用昂贵的齿轮件)、组装简便、挤出速度快、PTFE管方便固定、不需要大转矩电动机。图为本书组装实例Prusa i3采用的近端挤出机。

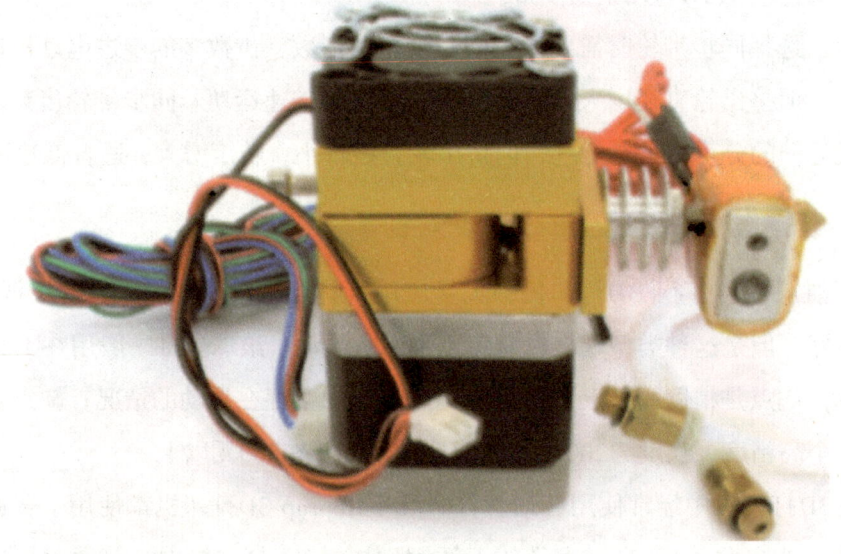

近端挤出机

二、远端挤出机

Bowden挤出机在三角洲(三臂并联)机器中普遍使用,它使用减速步进电动机直接驱动挤出齿轮,远程送料送丝,电动机靠近料盘,所以送丝会更流畅一些;它的结构减轻了打印头的重量,所以打印头运动更平稳,速度也更快。下图为本书组装实例Kossel Mini采用的远端挤出机。

远端挤出机

三、热熔挤出头

3D打印机中热熔挤出头是重要部件之一，使用最广泛的一种是分体挤出头，另一种是一体化挤出头。MakerBot所使用的热熔挤出头就是分体挤出头，挤出头最前端可更换不同尺寸的（直径为0.3毫米、0.4毫米、0.5毫米）打印喷嘴。

一体化挤出头最常见的是J-Head挤出头，其设计合理，安装简便，可靠性高。J-Head挤出头在爱好者中使用最为广泛，包括网络出售的个人制作的3D打印机或者一些3D打印机生产商都使用此种型号的挤出头或者其改进版本。J-Head挤出头大体分为3部分，最底端为铝制喷嘴，连接部件（材料为PEEK），内部为PTFE管（贯穿喷嘴和连接部件）。其中，连接部件通常加工成孔状，更利于散热。PEEK可以耐温至340摄氏度，并拥有高强度的力学性能，隔热性能优异。选购时，注意选择纯黑色的PEEK（PEEK中添加墨纤材料）而不是灰黑色的PEEK。纯黑色的PEEK耐温更高，隔热，力学性能更好。铝制喷嘴可以选择喷嘴直径为0.3毫米、0.4毫米、0.5毫米，如果

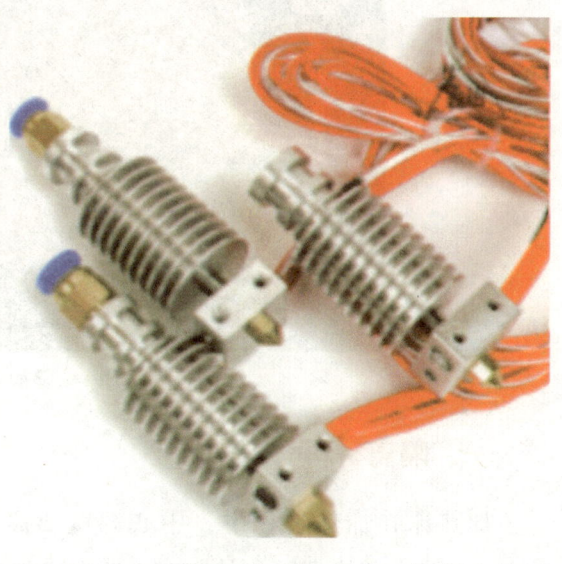

J-Head挤出头

3D打印机需要高精度打印可选择小直径喷嘴；如果不追求精度，只要求高速打印，可选择大直径喷嘴；如果兼顾打印速度和打印质量，需要折中选择。PTFE管贯通设计可防止打印材料泄漏，挤出和回退材料更显著。需要注意的是，底端喷嘴内部大多加工成锥形结构，使用PTFE管时底端也需要切削成锥形，使其彼此匹配。本书中两种组装机型均采用了一体化挤出头。

第五节　加热床

3D打印机打印时需要加热床。由于3D打印机在打印过程中，随着打印进程逐渐开始，打印件的最底层最先冷却，打印件冷却产生微弱的收缩（热胀冷缩原理），这种情况往往会发生翘曲（底层收缩比上层快），所以打印时经常可以看到打印件的某边或者棱角离开打印床后会翘起。使用加热床可以让最开始将要冷却的打印层保温，延缓其收缩速度，等打印进程完毕，形成整体打印作品时再让其冷却，这样可使打印件一致性更好，打印件成品质量更高。

Prusa i3加热床

一、隔离材料

加热床在加热过程中，中心温度要高于四边温度（四边相比中心 散热更快），打印时经常遇见加热床四边发生翘曲，加热床温度高也容易使底面塑料打印件软化变形。隔离加热床底部温度不但可以使温度分布均匀（底部四边散热慢），还可以防止软化加热床底面的塑料打印件。隔热材料一般使用硬纸板、羊毛、棉布覆盖的中密度纤维板，也可以直接使用木板或三合板隔离加热床底部温度。

二、加热床电线

加热床中加热原件工作电流大约在6~10安，加热床连线需要承受6~10安的电流，所以至少要选择0.5平方毫米以上的线材，生活中可以选择接灯线、摩托车线、粗的音响线。加热床和电线连接部位的电线容易融化发生短路，可以在每根电线外层使用特氟龙管绝缘隔离。劣质电线经过大电流时非常容易外部线皮融化，甚至燃烧。特别是一些使用220伏电压的加热床，劣质电线很容易发生火灾或者触电，这要格外注意。

三、打印平台材料

1. 玻璃

3D打印机打印平台材料经常使用玻璃，常见的是用3毫米厚的普通玻璃板作为打印平台。玻璃在建筑商店、五金商店都可以轻松买到，价格便宜，并可以让商店的师傅帮忙切割成需要的大小，不易变形弯曲，导热系数小。但是玻璃的加热温度比较难预测，加热不均匀时易碎裂，需要专业工具切割，在平台移动时易振动。使用时，普通玻璃大多配合铝板使用，这样会使玻璃温度分布更均匀；

普通玻璃板作为打印平台

并且使用时注意玻璃面积尽量小于或等于加热区域面积，避免加热玻璃温度不均匀而碎裂。使用普通玻璃时，加热温度不应超过80~100摄氏度；相比高硼硅玻璃更安全些，其加热温度可达200摄氏度，并且强度更高，但价格比较高；如果需要更高的加热温度，可以考虑烤箱、微波炉所使用的安全玻璃。

2. 陶瓷玻璃

国外的一些3D打印厂商使用陶瓷玻璃作为打印平台材料，这种新型材料避免了加热不均匀时碎裂的问题，并且切割和钻孔更容易（不易碎）。使用时需要注意，这种新型陶瓷玻璃的比热容比玻璃低得多，导热迅速，应避免过快速的加热。

3. 金属

铝板、铜板、钢板经常作为3D打印机打印平台材料。铝板的优点是比热容、热传导都相对较高，温度分布更均匀；缺点是易变形，加热时膨胀系数大。而铜板、钢板比热容比铝板要高得多，加热或降温都需要更长时间，保温效果更好。

铝板

铜板

四、加热材料

1. 镍铬合金丝

3D打印机刚刚兴起时，爱好者普遍寻找最简单、最有效的方法来实现各种功能。在这个阶段,爱好者在木板上一行行固定镍铬合金丝,并在合金丝的外层贴上聚酰亚胺胶带来实现加热床的功能,并可以达到基本满意的效果。使用镍铬合金丝需要自行计算长度所对应的电阻,以及在电路中工作的电流(注意电流过大会烧坏电路中的MOS元件)。镍铬合金丝的特点是经济实惠,但操作起来需要一定的动手能力,需要了解欧姆定律的相关知识,加热不够均匀。

2. PCB加热板

随着3D打印机的发展,PCB加热板作为加热床的加热材料渐渐流行。PCB加热板价格低廉,加热均匀,最常见的型号是MK2A、MK2B PCB加热板。最近在流行MK3 PCB加热板,这种加热板集成了铝板,省掉了覆盖玻璃,优点是一体化设计,但是价格却贵很多。Mendel系列打印机大多使用MK系列PCB加热板,在网络上出售的DIY 3D打印机也使用PCB加热板,并且网络上很多3D打印机商家出售MK系列的PCB加热板,可以看出PCB加热板使用广泛。在选购时需要注意,PCB加热板最好使用约35微米厚度的铜箔或者镀金铜箔,并且PCB加热板的铜箔薄厚应尽量均匀,才能达到最好的加热效果;有些商家生产的PCB加热板使用铝箔,薄厚不均,加热缓慢,甚至不能达到要求温度;使用PCB加热板还需要注意使用的电源可以提供10安以上的电流。

PCB加热板

五、硅胶加热垫

越来越多商业型3D打印机使用硅胶加热垫加热。硅胶加热垫的特点是加热迅速,可以达到很高的温度,可靠性好,易于安装,但价格相对昂贵。使用硅胶加热垫加热时,需要注意加热床温度探头不能离开加热垫,因为如果检测不到温度,加热床会一直加热,造成加热床的温度特别高。

六、聚酰亚胺加热薄膜

聚酰亚胺加热薄膜非常薄,性能与硅胶加热垫几乎一致,适合轻薄设计场合,其发热效率明显优于PCB加热板,大大缩短了加热时间,但是价格高昂。

七、半导体制冷片

半导体制冷片一面制冷,另一面散热。爱好者使用半导体制冷片散热的一面贴到铝板上起到加热的作用,这种设计极具创新力,并且有成功的实现案例。编者并未尝试这种加热方法,利弊还需大家自行测试,鼓励大家尝试类似的创新想法。

八、加热电子电路

1. MOS驱动电路

3D打印机控制板大都集成了MOS驱动电路,可以同时加热挤出头和加热床。通过热敏电阻检测加热头或加热床的温度,软件根据检测的温度调节通过加热床电流的大小(调节加热床的加热幅度),这样就可以自动调节加热床的加热温度大小并使加热床保持在一定温度范围内。MOS驱动电路电路复杂,需要软件配合使用,并需要电路板输出PWM信号传入MOS驱动电路。

2. 金属温度开关

3D打印机加热床大多需要保持在恒定的温度(ABS为110摄氏度,PLA为50摄氏度),一种简单、低廉的解决方法是使用金属温度开关,这种开关达到标示的规格温度时就会停止加热,低于此温度时就会触发加热开关(常闭型)。金属温度开关只要几元一个,并有大量温度规格可选,电热水壶使用的就是这种开关;其连接电路极其简单,只需把金属温度开关和加热床串联接入电源,并把金属温度开关安装到加热材料上(需要测量加热材料的温度)即可。

第六节 FSR压力传感器

FSR(Force Sensing Resistor)是著名Interlink Electronics公司生产的一款重量轻、体积小、感测精度高、超薄型电阻式压力传感器。这款压力传感器是将施加在FSR传感器薄膜区域的压力转换成电阻值的变化,从而获得压力信息。压力越大,电阻越低。本书中组装的Kossel Mini 3D打印机用FSR来调平加热平台。

FSR压力传感器

第七节　温度传感器

温度传感器在3D打印机中一个用来测量挤出头的温度，另一个用来测量加热床的温度。大部分3D打印机的温度传感器都使用热敏电阻元件，也有少数使用热电偶元件。一款高品质的热敏电阻可以在测量范围内精确地测量温度所对应的阻值，并且可以预规I温度的变化。热敏电阻阻值随着温度变化而变化，一种随着温度的升高，阻值降低（NTC）；另一种随着温度升高，阻值升高（PTC）。这种变化在实际应用中并不是线性的，所以测量精准的温度需要根据厂商提供的 温度和阻值对应表，而不是根据温度阻值曲线公式计算。

热敏电阻测温原理：3D打印机中通过模-数转换器（ADC）测量热敏电阻一端的电压而间接测量出热敏电阻的阻值，然后通过热敏电阻的阻值查表（温度和阻值对应表）找到对应的温度。在实际电路中，是把热敏电阻（R_x）串联一固定阻值的热敏电阻（R_2），两端连接5伏电源（U_{cc}），模-数转换器（ADC）测量两电阻的中间电压（U_{out}）。模-数转换器（ADC）把测量的电压（U_{out}）除以5V参考电压（U_{ref}）乘以模-数转换器（ADC）的分辨率（大部分3D打印机模-数转换器都为10bit，0~1023），得到模-数转换器（ADC）对应的数值（ADC_count）。对应公式如下：

$$ADC\_count = 1024 U_{out} U_{ref} = 1024 R_x / (R_2 + R_x)$$

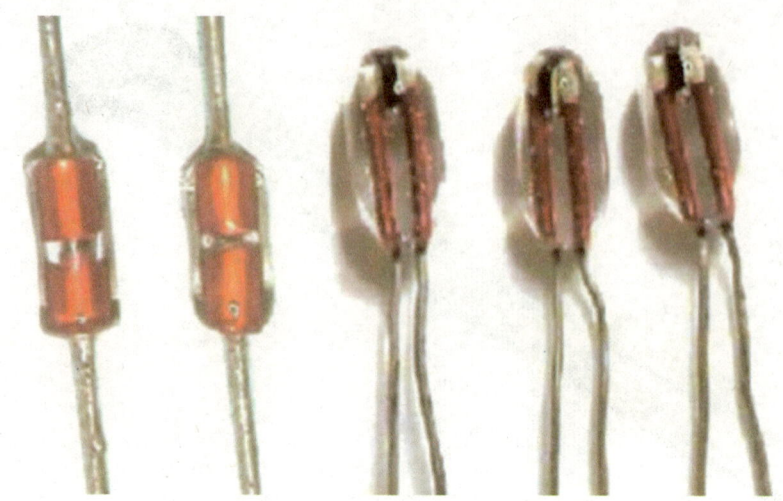

热敏电阻

第八节 电源

大部分3D打印机都使用12伏直流电源，电流在5~30安。3D打印机中步进电动机和挤出头电流在5安左右，加热床大多在5~15安。一台标准配置的3D打印机总电流大约在18~30安，功率大约为360瓦（12伏电压）。

3D打印机的电源

下面介绍3D打印机使用的开关电源种类。

一、计算机主机电源

国外3D打印机爱好者广泛使用计算机主机电源作为3D打印机的供电电源。有些3D打印机控制板可以直接连接计算机主机电源，但是大部分需要把计算机主机电源接口剪断自行接线。有些3D打印机控制板（比如Ramps 1.4）提供Power-On信号去唤醒计算机主机电源。目前市场上计算机主机电源的质量参差不齐，有些可以提供过载保护功能，有些却不能，甚至很多不能给3D打印机提供稳定的电源供应。因为计算机主机电源不光可以提供12伏，还提供了3.3伏、5伏，所以计算机主机电源最好选择功率在400瓦以上并检查12伏输出电流能力。

计算机主机电源

二、服务器电源

3D打印机同样也可以使用服务器电源。服务器电源大部分只提供12伏电压，却能提供非常大的电流，并且二手的服务器电源相当低廉，但是服务器电源一般都是直接插到机架系统的，需要根据不同型号，自行改装接口。

三、移动电源

很多可移动电源可以提供12伏、240瓦的电力，给3D打印机供电非常方便。DIY爱好者经常选择DELL 12伏笔记本电源或者XBOX 360电源，当功率过载时这些电源还可以提供过载保护功能，自动切断电源。

四、OEM电源

常见的OEM电源有LED灯带电源和工业上数控机床电源，它们一般都提供12伏或者24伏输出电压，并且可以提供较大的输出功率。其中，LED灯带电源价格低廉，被广泛应用到3D打印机中；数控机床电源体积小巧、可靠性高、生产工艺严格，但价格却十分昂贵，爱好者对数控机床电源只能望而却步。普通的LED灯带电源虽然价格低廉，接线简单，但是却不能提供更高的保障，这种电源设计初衷只是为了给LED灯带供电，所以生产厂商一般不会进行严格的指标测试，在质量和价格之间有很大差异性。

第九节 控制电路板

3D打印机爱好者经常选择两种电路板。第一种为一体电路板,这种电路板使用简单、集成度高、接线方便、稳定性高,代表是Melzi 2.0电路板,在Reprap 3D打印机中使用最为常见,价格低廉;缺点是只支持单一挤出机,扩展性能差。

Melzi 2.0电路板是Reprap 3D打印机的核心部件,控制整个打印机的正常运行。通过USB接口可以与计算机连接,实现数据 交换;通过SD卡可实现脱机打印,令打印机更便携;电路图和PCB文件以及固件源代码链接为http://www.reprap.org/wiki/Melzi。

Melzi 2.0电路板

第二种为模块化电路板,优点是扩展性好,爱好者可以自行选择模块。最常见的选择是Arduino Mega 2560主控板、Ramps 1.4扩展板、A4988驱动模块配合使用。针对Ramps 1.4扩展板的液晶屏模块选择也非常多,并可支持两挤出机打印。

Ramps 1.4全套电路板

第三章　3D打印机的软件配置

第三章　3D打印机的软件配置

第一节　3D建模/CAD软件

对于使用什么样的建模程序，可能是你将要做的最重要的选择。你可选择的程序有很多，但不外乎都是实体建模、雕刻建模、参数建模和多边形建模这四种基本类型。每一种类型都能将你的设计创意实现，但有的更便于机械零部件设计，有的更适合于雕刻动作人物。

实体建模程序主要是采用一种称为构造实体几何（CSG）的方法，或是与之相似的技术去定义一个复杂的3D形状。常用的免费实体建模程序主要包括SketchUp，Autodesk 123D和Tinkercad（完全运行在浏览器端）。在实体建模程序中，一些复杂的形状都是由像方体、圆柱体和锥体这些简单的基本形状通过布尔运算组合而成的。例如，一个空心的方体就是由两个重叠的立方体组合而成，将一个稍大的立方体"减去"一个稍小的立方体得到的。

在Tinkercad软件中进行基本布尔运算得到的结果，从后往前分别显示了两个同心的球体和立方体的或运算、两种可能的非运算和与运算

实体建模有三大优势：第一，比其他方法更加直观，对初学者来说往往是最易于上手的；第二，所提供的接口程序便于设置对象之间的精确测量数值，这对制作机械零部件是非常有利的；第三，软件可为用户自动处理关于各类物体的完整性填充问题（类似于"水密性"检测），尽管程序自身可能需要通过大量的操作步骤才能形成一个复杂的形状。

雕刻建模软件，如ZBrush、Sculptris和Mudbox，提供了更为自由、多样的接口程序进行切割、拖曳、扭曲并填压容器形成所需的形状。因此它更适用于如人物、人脸这样的器官组织表面，而不适合精密部件或是平整表面的建模。Sculptris是一个非常好的入门级软件，如图所示，与价格稍贵的ZBrush师出同门（有很多多边形建模软件应用程序，如Blender、Modo和Maya，也开始提供内置的雕刻建模工具了）。

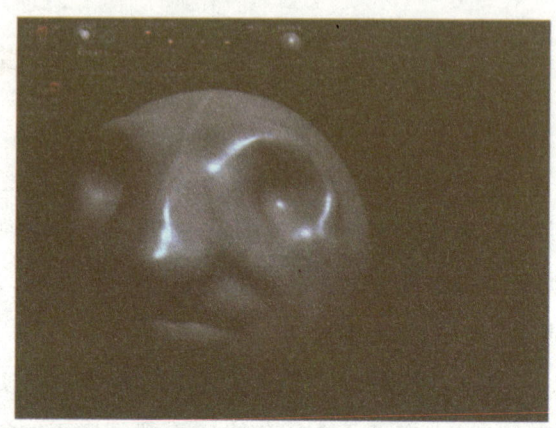

Pixologic公司提供的Sculptris软件雕刻3D模型就像在黏土上进行操作一样，在它的工具条上有诸如折痕、膨胀、平滑、挤压、平面化等工具提示

参数建模软件，如OpenSCAD，与其他几类都不一样，它不是通过鼠标拖曳各类形状，而是通过编写一些简单的程序来描述如何将不同的形状进行合并以完成物体建模的。因为每个维度尺寸都能做到非常精确，所以参数建模特别适合于快速制作专用零部件，如音箱、齿轮以及其他一些机械零部件。

从另一个角度来说，参数建模工具也很适用于制作衍生艺术品。像Marius Watz编写的ModeBuilder库和在Rhino环境下运行的Grasshopper插件（采用程序算法生成模型的插件）等工具，它们通过其他对象、数据或是纯数学模型，专门制作这些出乎意料，或是抽象形式的物体。Nervous System的设计师就是用它们制作出了十分复杂的有机形状，如图所示。可以想象如果用手工，这几乎是不可能完成的艺术品。

多边形建模，是用数以千计的微小三角形通过排列在一起形成网格来定义一个物体的表面。值得关注的软件应用包括Blender、3Ds Max、Maya和Modo。它们非常适用于3D图形和卡通绘制，但仍然需要注意的是，在3D打印前，形成物体表面的这些网格要确保完整性填充或是水密性检测（也就是说，没有遗漏掉的多边形或是断开的顶点）。如果模型不是一个完整的流线型，那么分层切片就不能完成从外部到内部的切割，因此可能就此终止了对整个模型的处理，或是生成包含严重错误的G-code代码。

多边形建模软件提供了大量的控件供用户使用，但熟悉起来需要花费一番工夫。高效的网格建模要求用户能够掌握一些可能看似违反直觉的方法，就像用"四边形"来代替三角形或是"n边形"来编辑网格，采用"边流"的方法，如通过切边和切环操作来快速巧妙地处理

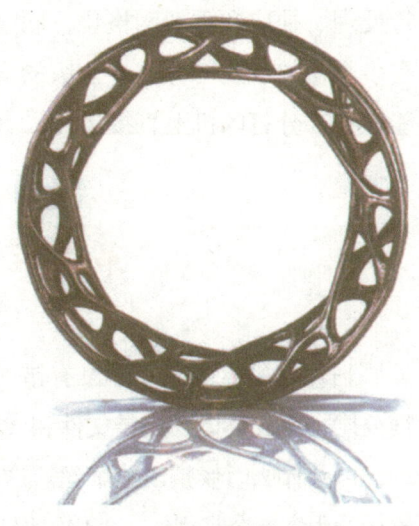

Nervous System公司的"卷积"手镯，不锈钢制成，模拟细胞网络中的相互作用力

模型，同时还可以使用"细分"工具自动平滑锯齿表面，从而进一步形成有机形态。类似包含这些的扩展学习内容，在互联网上大部分可找到相关软件所对应的教程。学习初期可以通过观看一些最佳范例的视频，来减少实际操作中遇到的错误，同时还可以提高实践技巧。

通过CAD建模程序得到的3D模型通常是以STL文件格式保存的。生成的STL文件里可能会包含一些错误，如存在孔洞缺陷或是反向法线，这取决于之前你所使用的建模软件和模型的复杂度，因此在完成打印之前需要对其进行修整。CAM软件可以自动检查出这些错误，一些CAM程序包，尤其像是Slic3r，包含了常规的修复程序，能够自动修复一些简单的错误，但也不能总是依靠它们来生成合理的刀具路径。模型设计者还可以手动地对模型进行修复。还有一种选择，即使用高级的STL文件编辑处理工具——MeshLab软件，它的功能非常强大，但对初学者来说可能很难掌握。

也就是说，某一类的建模软件可能更适用于设计机械部件，而另一类会更适用于雕刻动作人物。

当你对3D打印越来越熟悉并变得越来越有经验后，你将会考虑投资购买一个商用的STL分析与修复工具，如Netfabb Studio。虽然这些软件工具的基础版本能够快速、有效地解决大部分问题，但它们的专业版本能够针对模型特定的组成部分进

行处理、抽取和重新网格化，同时还能提供稳定的布尔运算操作，将一个模型分裂成多个小的组成部分。专业版的安装包还提供了内置的分层切片工具和驱动程序，能够在部分打印机上直接运行，有时候能完全代替CAM或是客户端通道。

第二节　分层/CAM软件

当你已经生成了一个没有错误的、流行结构的3D模型后，还必须将这个模型进行分层，生成具体的路径文件和代码，告诉打印机如何控制加热头移动，什么时候移动，以及什么时候挤出热熔丝。这个过程有时被称为"切片"或是"绞片"。打印机执行的程序指令是用G-code代码编写的通用格式文件，它是一种简单程序语言。

过去，大部分的打印机是用开源工具软件Skeinforge将模型文件转换为G-code代码。但在近些年，陆续有了更多可供选择的分层软件，其中被业界最为认可的是Slic3r分层软件，它的使用普及率逐渐超过Skeinforge软件。关于Slic3r的具体使用介绍详见本书第5章。

最近有一款可供免费使用的专业版分层专用软件KISSlicer，宣称有些独特之处，如可以自适应稀疏填充（打印用料的时候，边缘密度大，中间密度小）和多材料打印（分隔开的模型，如支撑结构部分和内部填充部分，可以采用不同的材料）。

虽然大部分的分层工具可以作为一个标准的独立程序运行，但它们往往会被集成综合到打印机客户端的程序安装包里，就像Pronterface软件和ReplicatorG软件。这样一来，打印机就可以使用相同的接口程序加载3D模型并进行分层切片，然后直接进行打印控制。

需要注意的是，因为3D打印是通过一层一层的逐层打印完成的，所以打印单独一个模型的G-code代码与同时一起打印4个模型的G-code代码是不一样的。如果你想在一次打印中同时完成多个部件的打印，有一种方法就是在3D建模的时候将需要打印的所有部件都直接构建并简单地排列出来。另一种更加方便的方法，是在CAM阶段就将所有构建的部件都排列出来。目前很多分层切片工具，包括像ReplicatorG软件那样集成到打印控制程序里的，在分层前都能对CAD模型提供一些简单的缩放、重置和复制功能。这些软件工具通常会有一个虚拟环境，能够显示在打印机打印范围空间内的所有对象的形成过程。

第三章　3D打印机的软件配置

分层软件会提供给用户一个接口来调整部分配置参数，如打印的速度和质量，具体到每层的高度、打印头的最大速度、填充密度、每层填充部分外围的层厚数值，以及是否打印支撑框架（也称为"筏"）。很多分层工具有内置的配置文件来引导你开始使用这个软件，用起来非常灵活。最终，你可能还是要通过不断的尝试来配置这些参数，从而得到合适的几何结构，或者是你想要的设计结果。

当你对分层工具的参数配置很熟悉的时候，这里介绍一个很简便的方法，可以用G-code代码的可视化工具对要打印的对象进行预览。这个可视化工具能够显示打印头将移动的每一条刀具路径，这每一条刀具路径都对应着一行类似的G-code代码指令。每层的鼠标滚动显示，能够让你看到分层软件是如何将原始物体的几何结构进行切片处理的，还可以在不浪费任何热熔塑料的前提下发现模型中的错误。在3D图形进行实际打印之前，保存下之前相关的一系列G-code代码"原稿"对于评估分层工具参数配置的调整有很大帮助。如果你正在使用的是ReplicatorG软件，那么也要熟悉一下Pleasant 3D软件（支持Mac操作系统），或是Blender旗下的GCode Viewer软件（跨平台）。Pronterface和Repetier-Host这两个软件有内置的G-code代码可视化程序工具。

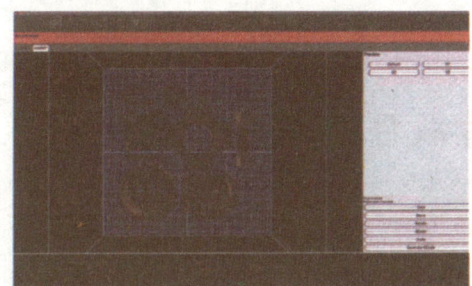

在ReplicatorG软件中设计出一套构建板块，所有的这些部件可以同时打印出来

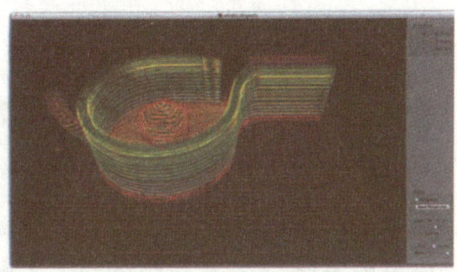

Pleasant 3D软件中的G-code代码可视化界面。这个界面允许用户使用鼠标一次滚动一层的刀具路径

第三节　打印控制/客户端软件

到了最后，还需要有一个客户端软件，作为打印机实时的控制台。它为用户提供一个软件界面接口，在打印过程中可以随时控制打印任务的开始、暂停或终止，同时如果允许控制进料头和加热托盘的温度，也可以通过界面接口进行设置。客户

端软件通常会提供一系列的方向键让用户在任意方向逐步移动打印头，这对于打印托盘的调平、校准和手动归零非常有帮助。

过去，许多打印机是用ReplicatorG软件进行打印控制的，但是近几年推出了好几款令人印象深刻的新的打印控制软件。其中，Printrun（Pronterface是其中一部分核心的应用程序）和Repetier-Host是当前应用最为广泛的两款打印控制软件。Ultimaker公司正在开发一款开源的Cura软件包，它功能丰富且易于使用。有些专用特定的打印机，如PP3DP's Up和MakerBot，使用的打印控制软件通常也会带有一些类似的功能。

从功能上来说，打印控制软件的主要任务就是通过Wi-Fi或者是USB连接，将生成的刀具路径指令发送给打印机。许多打印机设计了"无线"操作模式，这样打印机就不需要通过连接计算机后也能控制运行。因此，在无线模式下就无须客户端程序，打印机可以直接从插入的SD卡或USB储存器中自动地读取和执行CAM指令。无线打印功能在一些情况下能带来很大的方便，例如，你可能在打印的时候，需要在打印机所处位置之外的另一个地方使用计算机，或者是当需要同时运行的打印机的数量超过计算机客户端数量的时候。CAM信息通常是以G-code代码指令形式存储在可移动媒体介质中。

第四节　切片软件Slic3r

Slic3r是一款免费的3D打印分层工具软件，为3D打印生成STL文件。

如果你有了一台3D打印机和一个数字化的3D模型文档，那么，接下来应该做什么呢？接下来需要对这个3D模型进行切割分层并创建G-code代码文档，然后再将这个G-code代码文档发送给3D打印机进行打印控制。可供选择的3D模型分层工具软件有很多，其中包括Slic3r、KISSlicer、CuraEngine、MakerBotSlicer和Skeinforge。这些分层工具中有一些是与打印控制软件集成在一起的，而有些分层工具，如Slic3r和KISSlicer，是可以独立于打印控制软件之外单独运行的。

Slic3r因为开源、跨平台、免费、分层速度快和高度可定制，已经成为一款非常流行的分层工具软件。

接下来，将会介绍如何设置与3D打印机使用相关的每一个功能，以及如何针

第三章　3D打印机的软件配置

对你的应用程序来 适当地调整、优化打印机的设置参数。

3D打印机的制作商非常有可能会给你提供一些分层工具软件的缺省参数配置，当然最好的情况是给 你提供一个能够导入的.ini导出文档，但他们往往给你提供的是一组数字列表，需要你手动导入到Slic3r软件中。如果他们提供了.ini格式的用户参数文件，那么我建议你先直接导入文件，在此基础上再进行设置参数的调整（可以通过文件→导入设置，将配置文件导入Slic3r中）。

尽管在这里我提供了一个好的初始设置方法，不过并不能保证所有的机器都能运行得很好，所以如果你确实想要优化你的打印机的设置，实验尝试是必不可少的。

你可以从Slic3r的官方网站上下载Slic3r软件。让我们打开Slic3r软件，开始学习吧！

一、配置文件命名

应用程序主要分为打印效果、打印设置、材料设置和打印机设置四个选项卡。"打印效果"选项卡比较简单，不需要特别说明，通常是在设置好其他配置参数后再回到这里，进行分层切片。因此，我们最后再返回来简单地介绍一下它。

Slic3r软件使用中有一个很方便的地方，就是配置文件的创建和撤销都非常容易，它提供了很多类的配置文件。

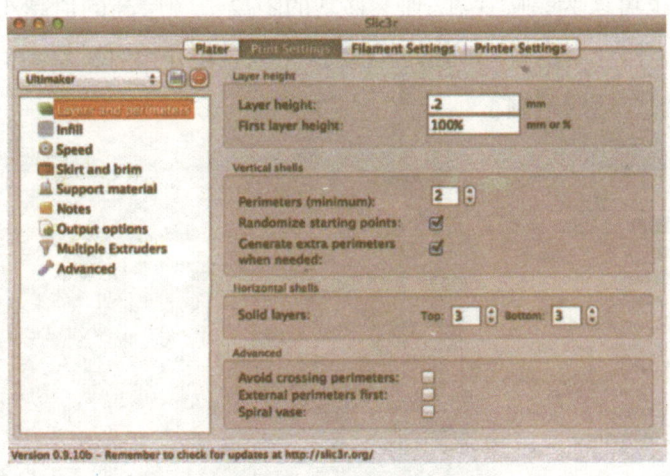

选择一个已保存的配置文件

对任何的设置进行改动后，都要单击"保存"图标，它会弹出一个文本框，在文本框中你可以对配置文件的名称进行修改。

创建配置文件，不仅是为了提供给不同的打印机，也是为了提供给每种不同的打印类型，如"Ultimaker空心部件打印"或是"Ultimaker的快速打印"。

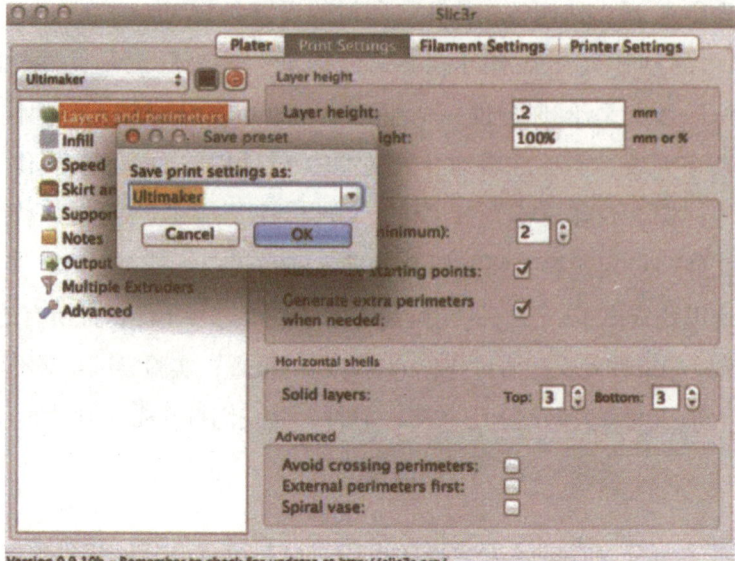

保存配置文件

二、打印设置

打印设置中第一个选项就是"层高和轮廓设置"。表示的是每一层沿z轴平面上的高度值（也可认为是喷头在z轴上移动的距离）。层高的值越小，打印的质量越高，越平滑，但花费的打印时间也就越长。一般在开始时，层高值设置为0.2~0.3毫米是一个比较合适的范围。

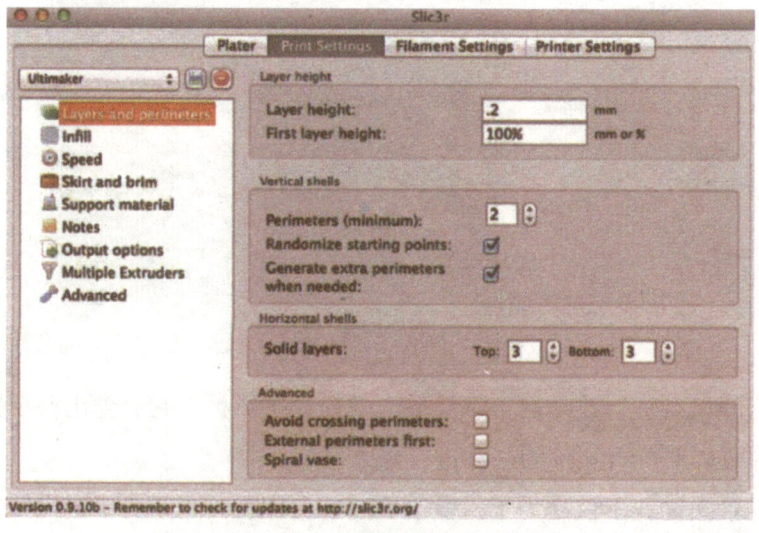

设置层高

第三章　3D打印机的软件配置

目前市场上销售的很多机器对处理层高为100微米（0.1毫米）的打印精度，已经毫无问题了。

相比于层高为0.2毫米的打印精度，0.1毫米的层高精度在分层和打印控制过程中都需要有2倍的工作量和时间。

第一层的层高，也就是打印时最底层的层高要单独设置，以毫米或%为单位（假设第一层的层高设置为200%，也就是说底层的层高会是普通层层高的两倍）。你可以将底层层高设置得略大一些，这样能保证打印时底部基础稳固，便于后续的逐层依次打印。

（一）轮廓和固化层

轮廓设置（或叫作外壳）也是非常重要的，它能起到加固打印对象的作用。轮廓值设定为2，表示打印机将会在每一层的打印对象边缘绘制出2条实线。我发现轮廓设置通常开始时的默认值为2，但比较普遍使用的轮廓值为3。

设置轮廓值

随机化轮廓打印的初始点将会避免总是在同一个地方开始打印，从而在打印物品上造成视觉上的凹痕，因此建议钩选此选项。允许Slic3r在需要的时候增加适当的轮廓数，这样能提高打印质量。

固化层需要完全用塑料填充固化，所以它经常被用作打印对象的底面和顶面。我的建议是，在打印对象的底部至少需要2层固化层，顶部至少需要1层。

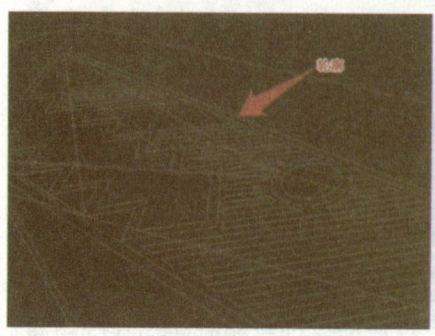
轮廓的效果

固化层

要记住,打印每一层固化层是需要占用大量时间的,如果你要打印的是一个很大的部件,而且相对于部件强度,你更在乎需要花费的时间,那么就尽量减少固化层的设置。

(二)填充

填充密度表示对象的每一层需要用塑料填充的百分比(0.2=20%)。一般来说,填充密度的设置不会高于60%,除非你确实需要打印一个密度很高的部件。20%的填充密度就能够基本满足一般的日常打印,但如果你要的是一种对结构密度及稳定性要求非常高的物体,那么你可以任意调整该值。密度值为0表示打印的只有物体的轮廓,它的内部是完全空心的。

填充方式是根据打印喷头在填充时所走的路径类型来区分的。填充方式对打印部件的结构稳定性没有太大影响。"顶层/底层填充方式"表示的是作为顶层和底层的固化层所要选取的填充方式。

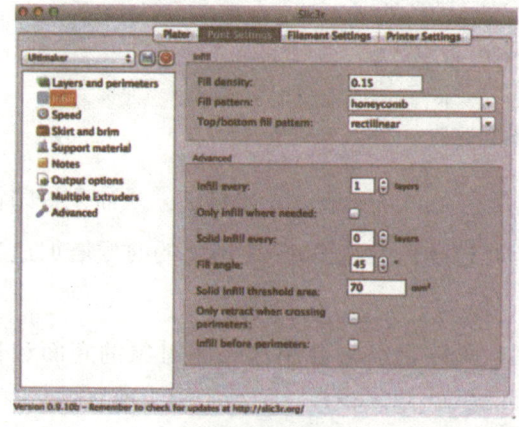
设置填充选项

物体内部的填充方式

高级填充设置为打印控制提供了更多的参数选项，虽然我以前可能都没有使用过它们。"每2层填 充1层"表示填充1层、空心1层交替进行（填充的密度可选）。"每3层填充1层"表示每填充1层 间隔2个空心层，依次类推。我一般都选的是默认值1。

你也可以选择每n层插入1层固化层，这样可以增加稳定性。填充角度表示的是打印喷头填充时移 动的路径与机器所在坐标轴方向的夹角（即斜率）。对改变填充角度最终会如何影响打印出来的结果，我还不是很清楚，但根据你所选择填充模式的不同，它可能会有一些不同的影响。

这里，我特意没有选中"只有在打印喷头越过轮廓时，回缩材料"这个选项。我们马上就会讲到材料回缩，一会儿你就明白了。

（三）打印速度

现在我们来看看打印速度的设置。轮廓速度是指打印轮廓的速度。一般来说刚开始可以设置为50毫米/秒，但在仔细翻看你的打印机说明文档后会发现，有些打印机的打印速度可以设置得更快，而有些要求打印速度要更慢一点。小轮廓打印速度是指长度小于一定值的轮廓打印速度，比如小圆孔等，需要比普通轮廓的打印速度低一些，这样可以留有更多的时间让塑料冷却。

外层轮廓是指最外层轮廓的打印速度，外层轮廓对整个物体的打印完成起着非常重要的作用。如果 不是与普通轮廓速度一致，我也会选取与它相近的数值，然后继续下一步。

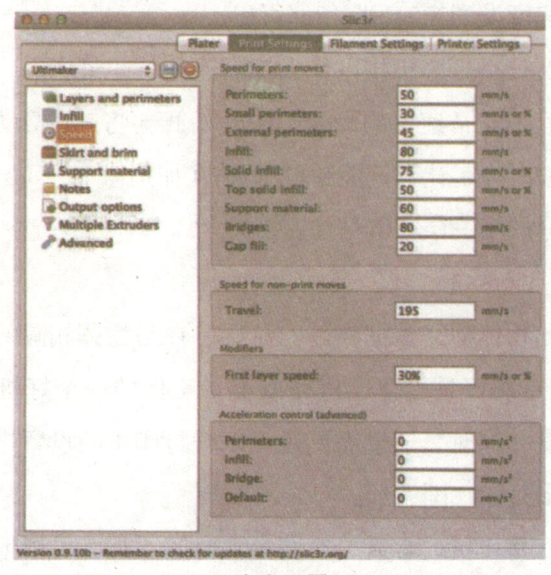

速度设置

填充速度是指在内部填充阶段打印头移动的速度。因为在这里并不追求线条简洁和极高的精确度，所以可以设置得大一些！我在这里设置的填充速度是80mm/s，相对保守了一些，特别是对于Ultimaker系列的打印机来说，但刚开始设置得低一点可能会比较好。

固化层速度是指打印固化层时的填充速度。固化层的填充比一般的填充来得更重要，因此设置的速度要低于普通填充速度。但是，也不要低得太多，因为固化层是100%填充，它需要花费的时间会比较长。

顶层固化填充速度是指需要100%完全填充的最顶层的打印速度。因为最顶层打印好坏对物体的整体美观非常重要，所以它的速度设置都要低于另外2个填充速度。

桥接部分是指用来填补一个间隙，打印喷头需要将热熔材料拉长成细丝跨过的间隙部分。如果这个间隙的跨度大于0.5英寸，不管喷头的移动速度有多块，拉长的细丝都会塌陷，但速度越快越能防止塌陷。在桥接部分，打印材料和喷头温度也会影响塑料拉丝的塌陷程度。空走（Travel）速度，即非打印点运动速度，是指喷头不喷丝时移动的速度，因为在这种情况下不可能会喷丝，所以不管这个速度设置得多高都不太会有影响。我建议开始时设置为175毫米/秒，以后可以逐步往上升高。有些机器用了一种重量很轻的鲍登（Bowden）挤压机（像Ultimaker的打印机），它们的空走速度设到300毫米/秒都可以。

第一层打印速度是指打印机将以什么样的速度打印最底层，它只改变了最底层的速度而不会影响其他正常速度的设置。刚开始我会将其设置为普通速度的50%，后面再根据情况调整。为了让物体能够稳 固粘在加热床上，不妨再参考一下Rich教程的第二部分，让你的第一层牢牢粘住。

（四）环边

环边是指在打印物体前，根据物体的轮廓，在与物体相隔一定距离的周围区域打印生 成的边框。这刚好是给挤压机完成准备工作的一个好机会，确保喷头调节到了一个合适的高度，同时，如果需要还可以对打印机的设置进行调整，以防止打印头移动的距离超出打印范围太远。

如果在出料前，挤压机通常需要花费一点时间，那么可以增加环边的圈数，这样它会在物体周围多打印几圈。一般来说，环边都只有1层的高度，距离物体3~10毫米远。

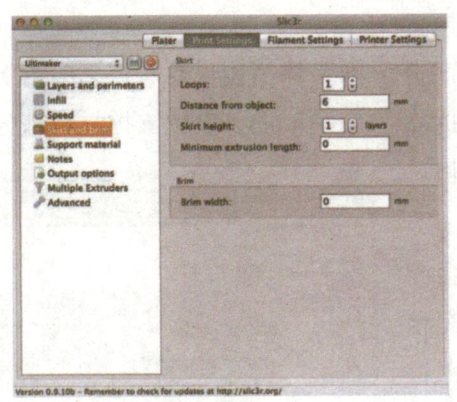

配置环边参数

环边

（五）支撑材料

分层切割过程中，在物体的某一部分处于悬垂状态和倾角过大时，会自动生成一种支撑结构，那么打印时会自动打印出这部分支撑框架，打印完成后再撤掉支撑框架，能让打印物体的整体效果更好。钩选这里的选项方框，Slic3r将帮你完成所有的加固工作。

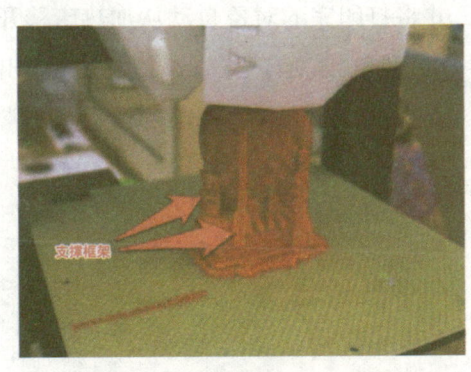

支撑材料

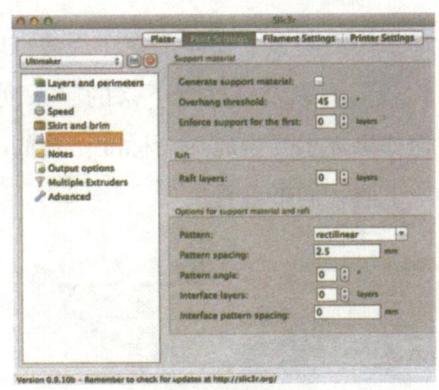

配置支撑材料

Overhang threshold表示垂悬的角度阈值，当打印对象的某一部分相对于加热床的倾斜角度小于或等于这个角度阈值时，对象的这一部分在打印时就会产生支撑材料。为了避免在不必要的地方，如一些很微小的突出部分，都产生这种支撑材料，我们预先给它设定一个角度阈值45°。

你还可以选择支撑材料的生成形式，就如选择填充材料的形式一样，但这里前者的选择会更重要一些，因为支撑材料的某些生成形式在打印完成后会更容易被打断拆除。方格形在开始阶段就是一种很好的选择。

Patter spacing表示支撑材料之间的间隔空隙，对支撑结构也有着很大的影响，值越大，支撑结构越稀疏，越容易被打断拆除。Pattern angle表示支撑材料部分的线条倾角（即线条斜率），也就是打印时相对于y轴和x轴的角度。

支撑材料的间隔空隙值设置得太小，会导致支撑材料部分与打印对象其他部分的填充相类似，打印完成后将很难拆除。但如果支撑材料的间隔空隙值设置得太大，则有可能对垂悬部分的支撑力度不够。

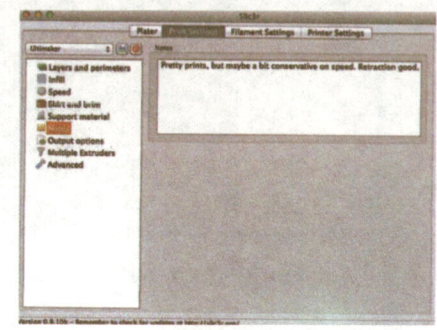
记录注释

（六）注释和其他部分设置

注释部分是根据自己的需要记录有关你的设置的说明。这部分是可选部分，对打印过程没有任何影响。在完成一个对象的打印后，需要留意一下你对打印设置做出的修改对输出有哪些影响，你可以在注释部分将这些记录下来，为将来提供参考。

如果你需要多个物体按顺序逐一打印，并将打印完的对象自动从加热床移开，那么你就需要来设置这接下来的一系列参数。我从来没有尝试改变过这些输出选项，但如果你想要生成一个标准格式的G-code文档，那么这些选项的设置是非常有用的，下面我们来看看。

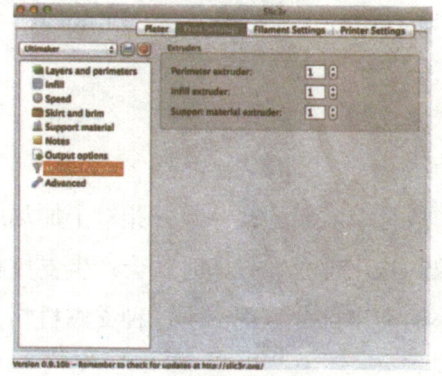
输出选项

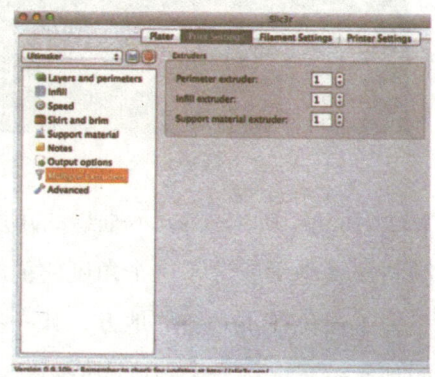
设置多个喷嘴

Multiple Extruders选项表示打印机有多个喷嘴，这里可以为不同的打印部分选择不同的喷嘴，例如可以为支撑部分和填充部分选择不同的喷嘴。

（七）高级设置

除了喷嘴的挤出宽度，我没有设定过高级设置部分的其他参数。Slic3r软件能够综合打印所用塑料和喷嘴的精确信息（接下来会讲到），通过调整挤出机的高度来加宽喷嘴的挤出宽度。

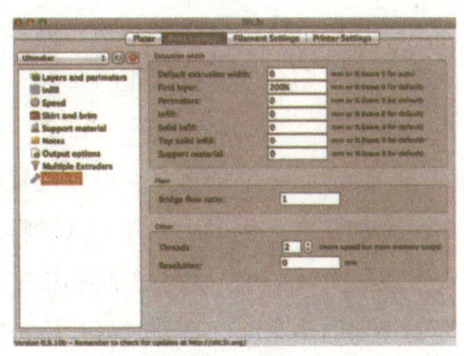

高级设置

你可以将第一层的宽度提升100%，即宽度值为200%，这样能让打印对象更加牢固地粘在加热床上，至于对其他宽度值的设置，我一直觉得没什么必要，默认为0即可。

三、材料设置

现在我们来看看材料设置选项卡。打印机的打印原料来源于一些塑胶材料，或者你可能已经买了一些其他不同颜色和材质的线轴。一般这些材料上都会标有直径为3毫米或1.75毫米，但往往总是不准确的。

Extrusion multiplier表示挤出量乘数因子，也就是说挤出量会随着材料直径方框里所填数值的改变而改变。除非有特殊原因，否则一般挤出量的乘数因子都为1。

所以，需要你用卡尺或者千分尺在材料的不同位置多测量几次，取几次读数的平均值。将得到的平均值写入Slic3r软件中。

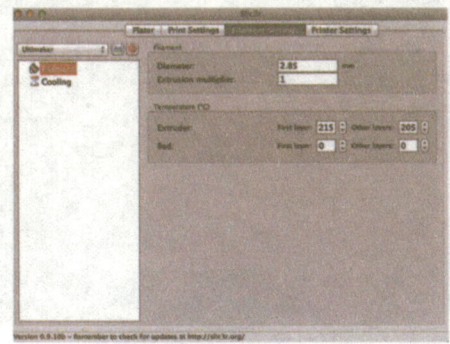

材料设置

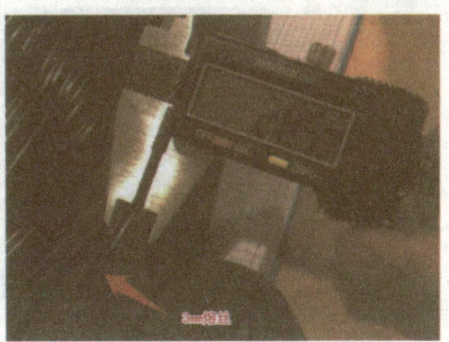

卡尺测量

喷嘴和加热床温度的设置也是非常重要的。你可以为第一层单独指定不同的温度。如果说有什么不同的话，那就是一般第一层的喷嘴温度要比其他层更高一些，这样能使打印对象更加牢固地粘在加热床上，稳定性也会更好。

使用PLA材料打印时，喷嘴的最低温度要设置在185°（这是Ultimaker打印机的配置文件对PLA材料打印的要求）。使用ABS材料打印时，我建议最低温度设置在220°。

如果你有一个加热床，可以设置任何你觉得合适的温度来使用它，因为设置任何温度都是有作用的。对于PLA材料，它的最低温度可以设置在60°，对于ABS材料可以设置在110°（虽然加热床有可能一直没有达到这个温度，但没关系，你不需要等到加热床温度达到时再开始打印）。

小知识

如果你的打印床不能加热，那就让打印床的温度为0°。如果温度达不到0°，打印机是不会开始工作的。

接下来是冷却设置页面。从风扇设置开始。如果你的打印机在喷嘴旁边没有安装风扇或是没有构建类似冷却的平台，那么你可以跳过这一步。如果打印机有风扇，则应记住要钩选"使用自动冷却功能"的选项框，并阅读该选项的说明（在鼠标移动到该选项附近时，选项说明就会出现）。这个冷却功能非常智能化，只有在需要冷却时它才会自动打开风扇，其他时候风扇都会处于关闭状态。

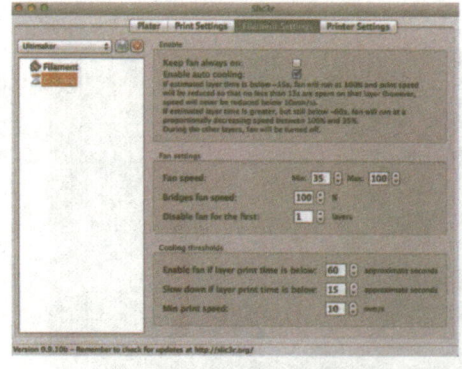

冷却设置

Ultimaker打印风扇

当调整完接下来的几个设置参数后，你再回到"使用自动冷却功能"选项框下面的说明描述，看看你对这些参数的设置是如何改变了机器在打印过程中自动冷却功能的运作。

风扇速度值是个百分比，可以由你任意设置。在打印过程中，只需要一小部分时间是打开冷却功能的。如果你注意到了打印出的细丝正在下垂，或是过分地粘在喷嘴上时，就要提高风扇的最低速度。Bridges fan speed设置的是桥接段的风扇速度，这个通常要设置得高一些，要加快桥接部分的冷却时间，尽量不发生下垂。

在打印第一层时，我一般设置让风扇关闭，这样能更好地让材料保持液态的黏着性，让它牢牢地粘在打印床上（使用PLA材料打印时这种方法用得很普遍）。你也可以让风扇从打印开始到结束一直处于开启状态，只要钩选"保持风扇始终开启"的选项框。

冷却阈值部分的设置可以让你更为精确地控制风扇开启的时间。一般来说，相对于每层完成的打印时间，其中有很小一部分的单层打印时间是小于设定值的（比如打印锥形顶端时），这时候可以开启风扇进行冷却。

对于打印速度降低的阈值设定，将来需要随着经验和次数的不断积累才能设置得更有根据，但我觉得刚开始的时候，可以按照以下的数值进行设定：

如果一层打印时间小于设定值，则开启风扇	60秒
如果一层打印时间小于设定值，降低打印速度	15秒
挤出机运动的最低速度	10毫米/秒

你可以将最低打印速度设置得很低，这将给整体打印速度带来很大的变化，并在打印过程中充满更多的挑战。

你会发现对于不同的对象设置不同的冷却阈值是非常必要的，所以给每个对象创建不同的分层切割的配置文件，可能是最快的解决办法。例如，有的物体有很多窄栏，有的物体内部有空洞，还有的是半身像，等等（对于细节部分的关注很重要）。

四、打印机设置

现在我们来看打印机设置选项。在我们开始总体设置之前，先准备好尺子。我们需要测量可用打印区域的长度和宽度，并把测量结果输入设置加热床大小的方框中。打印中心的x值一般设置为加热床横向长度的一半，y值一般设置为加热床纵向宽度的一半，这样打印机就可以从工作平台正中心位置开始打印。

Zoffset表示喷头的z轴补偿，一般默认设置为0毫米，且基本不做改动，除非你会经常改变打印机工作平台的高度。例如，你的加热玻璃平台的厚度发生了变化，可以通过设置z轴补偿来弥补厚度的变化，那么凭借这个配置文件，在分层的时候机器就可以自动地根据实际情况进行喷头高度的调整。

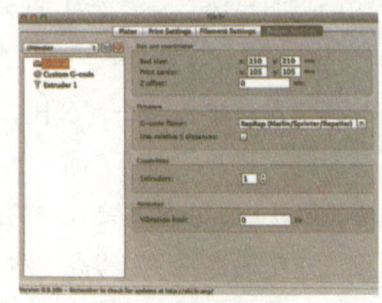

打印机设置

G-code flavor表示G-code代码的适用类型，即选择控制板所用的固件类型，一般会选择RepRap（Marlin/Sprinter）类型，但你也必须认真了解一下在它的下拉菜单中包含的固件类型种类，针对你的打印机选择一个最适合的。

"Use relative E distances"这个选项框一般不选中，除非能非常肯定地知道你的打印机用的是相对定位的方式。大部分打印机用的是绝对定位方式，也就是说，在G-code代码中标明的是当前点相对于结束点的移动位置，而不考虑打印机自己当前具体在什么位置。

如果你的打印机上有多个挤出机并需要同时使用，这里挤出机的值就会发生相应的变化，最小设置为1。设置好挤出机个数后，需要回到"打印机设置"选项卡的"多个喷嘴"选项上，再进行相应的参数设置。

（一）自定义G-code代码

自定义G-code代码部分是用来重新定义默认的校准设置（如"步数/毫米"），并在开始打印时确定挤出机的具体位置点，以及其他一些事项。

自定义G-code代码部分一般是根据打印机的具体型号而定，所以必须先了解打印机制作商提供的产品说明文档，然后进行有针对性的设置。

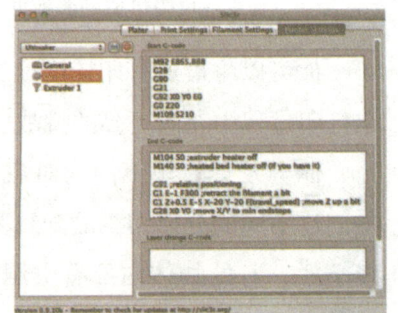

自定义G-code代码设置

在生成G-code文件开始之前，加入设定的起始代码指令一般包括x、y、z三轴各自归零，加热挤出机喷头和加热床，做一些挤出试验，然后开始打印。

在生成G-code文件结束之后，加入设定的结束代码指令一般包括停止加热挤出机喷头和加热床，x、y、z三轴各自再次归零，降低工作平台高度便于取出打印对象。

（二）挤出机设置

接下来进行"打印机设置"选项卡中的挤出机1设置。喷嘴的直径需要从产品的说明文档中获得，如果没找到，就需要用一对数字卡尺自己测量得到。一般来说，喷嘴直径的规格多为0.35毫米、0.4毫米和0.5毫米。

如果打印机只有一个挤出机，就不用考虑挤出机的补偿设置。如果有多个，这里需要填的是多个挤出机之间的水平间隔距离（x）和垂直间隔距离（y）。

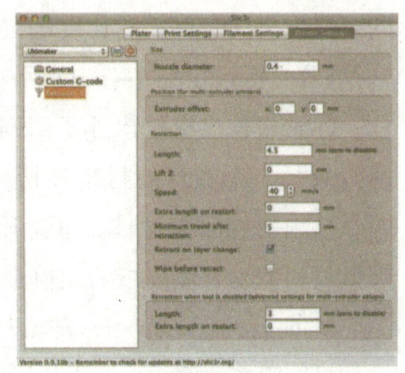
挤出机1设置

因为材料回缩（Retraction）部分的设置选项多而复杂，我将另起一小节对它进行具体说明。

（三）材料回缩

材料回缩是Slice3r软件中最有特色的部分之一，它对打印对象的整体质量提高有很大帮助。打印过程中的材料回缩指的是挤出机从一个打印点移动到另一个打印点时，挤出机电机控制材料回缩，不喷热丝。在移动到下一个挤出点之前，材料的回缩长度主要取决于挤出机的电机和传动装置。

如果你不知道该怎么设置回缩长度，我建议可以先设置为0.75毫米，如果你发现在移动过程中拉丝仍然很长，则可以在此基础上继续增加。这里我设置的回缩长度值很大——4.5毫米，是根据Ultimaker挤出机的传动装置性能具体而定的。

Lift Z表示在材料回缩过程中，同时也是在移动到下一个挤出点之前，需要将挤出机升高（或是降低加热床）的距离，目的是避免挤出机在移动过程中与工作平台上打印好的部分发生碰撞，或是移动过程中被挤出材料粘连到。如果你打印的是一个很高的物体对象，那么就很有可能被碰到，因此需要将挤出机升高一个层高的距离。如果没有特别要求，一般选择默认值0。

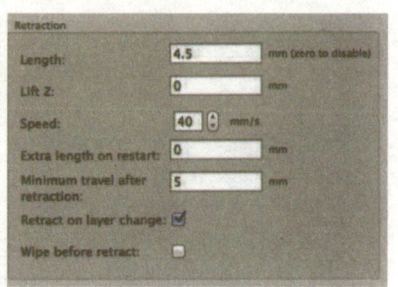
材料回缩设置

Speed在这里表示挤出机电机控制回缩材料的速度。这个速度一般要设置得快一点，所以你需要提前做一些测试来了解回缩材料的速度到底能有多快。我建议可以先设置为15mm/s，再以此往上增加，因为每一次根据传动装置和电机速度的不同，挤出机回缩材料的速度都会大不一样。

Extra length on restart表示在移动到新的挤出点后，同时又在进行下一次移动前，你希望挤出机挤出除了回缩长度之外的补偿长度。这里我通常不会进行设置，因为只是一个额外的材料补偿，我觉得没什么实质性必要。唯一可能用到的情况是，挤出机在回缩材料后重新开始时遇到了严重的问题，但这种情况下我一般建议降低材料回缩长度，或者是降低材料回缩的速度，而不是改动这个参数。

Minimum travel after retraction表示在所有移动路径之间，满足打印机进行材料回缩要求的最短距离。例如，假设你设定为3毫米，那么如果两条路径之间的移动距离小于3毫米时，挤出机将不进行材料回缩。在打印一个非常复杂的对象时，这样的设定能够让挤出机的电机控制避免大量不必要的工作。我认为刚开始时可以设定为2毫米。

最后两个设置参数是针对同时有多个挤出机工作的。当一个挤出机无法工作时，你可以将它设置为材料回缩模式以防止材料渗出，同时另外一个可以正常工作。在这里，你还可以设置在重新打印下一对象时，挤出机除了挤出回缩的长度，再设置额外的补偿长度。这个设置在有些时候是很有用的，因为挤出机在两次重新启动开始工作之间会有很长一段时间的闲置过程，所以它可能需要一些额外的补偿。

五、第五步：回到打印效果

最后，我们回到刚开始时"打印效果"选项卡的部分！单击"添加"按钮加载打印对象，或者将打印对象拖曳到左边的网格平面中。打印对象会自动地对齐到工作平面的中心位置。

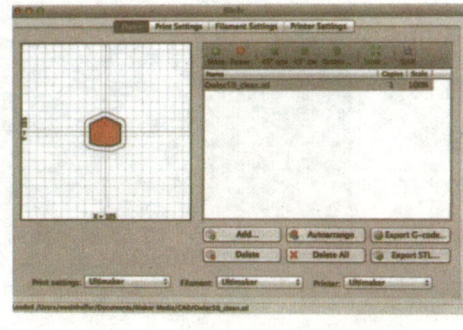
居中打印效果图

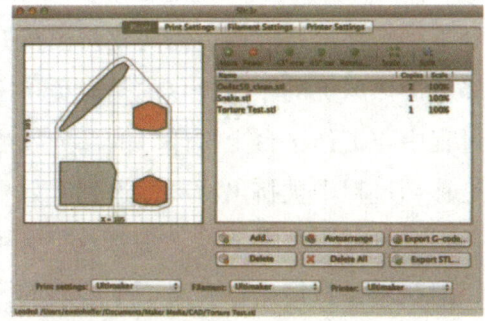
添加多个对象

你可以用同样的方式添加其他对象，并在选中它们之后（选中的部分会变成红色）单击"更多"进行复制。在添加到工作平面后，它们会自动进行排列。

第三章　3D打印机的软件配置

你还可以通过使用"旋转"按钮，将所选对象逆时针旋转45°，或顺时针旋转45°。单击"旋转"按钮的时候会弹出一个文本框，可以输入指定的旋转角度。通过"尺度"按钮，你还可以改变所选对象的大小比例。

旋转对象

（一）多个STL文档配置

如果输入的是多个STL文档组成的文件集合，你需要通关"Split（拆分）"按钮将其分解为单个的STL文档。

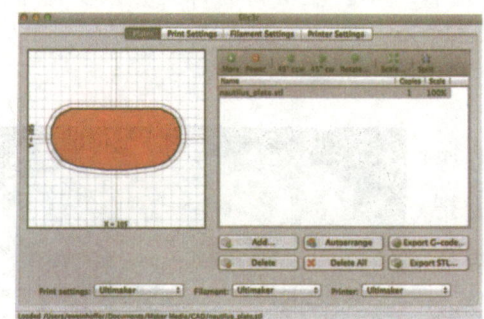

拆分之前的Nautilus图形化显示

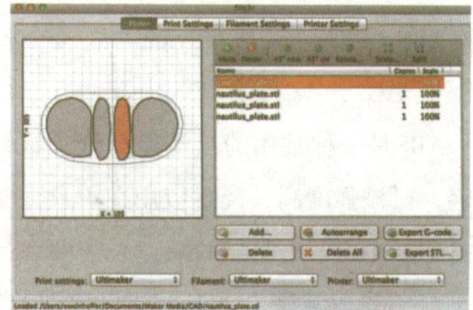

拆分STL文档之后

如果你另外需要设计一些齿轮组，这个功能是非常有用的。当然，在导入打印的时候还是需要把它们拆分成一个个单独部分的。

（二）尽情地玩吧

先介绍到这里吧！现在，让我们愉快地开始动手使用Slic3r软件吧。

有一款JeremyHerrman提供的免费G-code代码阅读器，它内置在浏览器中，可以用于一部分照片的生成。

Eric Weinhoffer是一位MAKE杂志社的产品开发工程师。我们经常会在Maker Shed上看到他设计的原创作品和小动物公仔出售。偶尔，他也会在博客和杂志上写一些很酷的创意和想法。

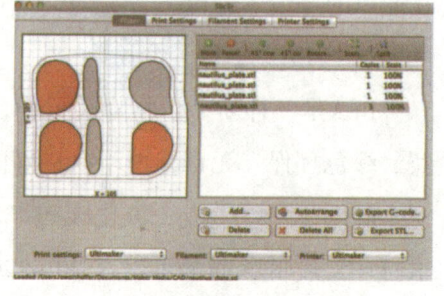

拆分STL文档

第四章 3D打印机的材料选择

第一节 常见3D打印材料

3D打印机需要打印材料，尤其是FDM机型需要将3D打印材料制作成线状的材料，我们通常称为线材（3D打印耗材）。时下，3D打印材料的种类有很多，常见的有ABS、PLA、尼龙（Nylon）。

1. ABS

ABS是一种常用的热塑型高分子材料，质量轻，机械强度高，经常应用在模具注塑、挤出打印。ABS一个明显的缺点是需要在高温环境下打印（通常挤出头温度要设定在210~240摄氏度），并且由于挤出材料的温度明显高于室温，热胀冷缩现象严重，打印丝极易变形、收缩。ABS的软化温度在100摄氏度左右，所以不适和高温应用场合。另一个显著的缺点是在打印过程时会产生强烈的气味，需要在通风的环境下进行。

ABS

2. PLA

PLA是一种新型生物降解材料，可以用植物（如玉米）淀粉制作而成，价格低廉、绿色环保、无毒，由于有良好的生物可降解性，使用后能被自然界中的微生物完全降解，最终生成二氧化碳和水，不污染环境，这对保护环境非常有利。PLA要求打印温度低，通常可以在180~220摄氏度温度之间打印，软化温度在60摄氏度左右。PLA打印材料强度高、弹性小、不易变形，强外力作用下易破损。

我们很难单独从外观判断出ABS和PLA，对比观察后，发现ABS呈亚光，而PLA很光亮。如果加热到195摄氏度，PLA可以顺畅挤出，ABS则不可以；加热到220摄氏度，ABS可以顺畅挤出，PLA会出现鼓起的气泡，甚至出现炭化现象而堵住喷嘴。

3. 尼龙

尼龙并不像ABS、PLA那样常用，但是在SLS类型3D打印机中使用广泛。尼龙打印件柔软耐磨，并且具有自润滑的特性，适合打印齿轮等部件。尼龙也有很多

PLA

明显的缺点，相比ABS、PLA更黏稠，经常出现打印成堆的情况，且更易翘曲。打印尼龙时，需要注意尼龙一定要保持干燥，含水分的尼龙很容易堵住打印头。

4. 其他材料

从其他成型技术方面考量，3D打印材料还有很多。如：

（1）DLP/SLA成型技术下的树脂。使用光敏树脂打印出来的物品，表面较为光滑、成型质量高，所以许多DLP机型被定位为珠宝级别。光敏树脂一般是液化状态，使用该材料打印物体一般具有高强度、耐高温、防水等特点。然而，光敏树脂若长期不使用容易导致硬化，并且该材料具备一定的毒性，在不使用的状态下需要对其进行封闭保存。光敏树脂价格较贵，由于使用时需要将其倒进器皿内，所以容易导致浪费的现象。

采用光敏树脂打印的模型

（2）金属。金属（如铝、铁、钢、银、金、钛等。）一般用于工业级别的机型。就成型技术而言，选择性激光烧结技术（SLS）、直接金属激光烧结技术（DMLS）、电子束熔炼技术（EBM）都有相对应的金属材料。这些成型技术一般需要粒状物料进行成型，材料一般都为粉末。

（3）陶瓷。陶瓷也是选择性激光烧结技术（SLS）所使用的3D打印材料。使用陶瓷可以制作各种颇富艺术气息的陶瓷制品，如瓷杯、瓷勺等。值得我们注意的是，同食品3D打印技术一样，陶瓷3D打印技术也需要后期烧制过程。

另外，还有各种性能的材料，如具有磁性的材料、可导电的材料、仿木质材料、弹性材料、类似混凝土的坚硬材料、用于生物3D打印的特殊墨水等，这些材料适用于不同应用领域，展现其各自的特色。当然，在3D打印领域还有各种意想不到的材料（例如泥土），食用材料（例如巧克力），变色材料，沙子等。3D打印的材料随着3D打印技术的发展以及材料的发现与开拓不断增多。编者认为，不远的未来，将会出现多种材料通用的复合3D打印机。

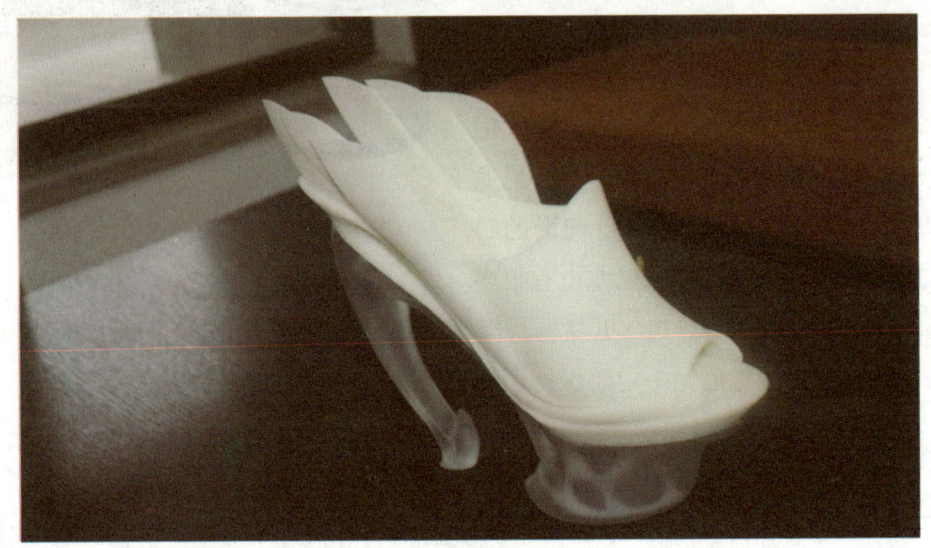

采用金属打印的模型

第二节　材料的选择

材料选择的注意事项如下：

●一般情况下，好的材料要求流动性好，但也要适中，流动性太好，打印的时候容易垂丝，造成成型产品缺陷；流动性太差，则打印时不出丝，或者断丝。选择适中的材料，层与层之间吻合度高，打印的层面也更漂亮。

●每款3D打印机都有其专用的打印材料，要求材料直径不能各不相同（常用材料直径为1.75毫米、3毫米），而市场上出售的材料直径却大小不一，例如1.75毫米规格的材料实际规格有1.66毫米、1.70毫米等。如果选择比打印机规格小的材料，放在打印机里容易造成打印不出丝、出丝不均匀、断丝的情况。

第四章 3D打印机的材料选择

●每个生产厂家生产的材料添加剂不同。材料中水分添加比例过大，打印出的模型外壁会出现积屑瘤，层层堆积挤压，影响模型外形。建议3D打印机只使用同一生产商的材料，不要频繁更换打印材料。

●每款3D打印机尽量只打印一种材料，经常换用ABS和PLA或其他材料，容易造成堵头。

●常见的质量差的、工艺不过关的材料有下列特征：（除线径）表面弯曲不直、拉伤、拉痕（白痕）、暗痕、气泡、灰尘等。

●包装方面，现在大部分厂家喜欢用透明PVC胶缠绕膜，缠绕久了或者稍微加温，容易和材料混在一起，粘得很紧，很难分离，严重影响使用。

●干燥剂：3D打印材料包装里面需加干燥剂防止回潮，有些材料也可以不使用干燥剂，使用真空包装，外面再加个封口袋足以放置很久。开封的材料一般可以在空气中暴露3个月，如果需要长期放置，请注意材料防潮。

3D打印

第五章 3D打印的典型案例

就增材制造（3D打印）技术的商业化而言，在改变人们生产生活方式的诸多方面已有一些应用，但还不能实现大规模的应用，但就其未来发展趋势来言，这将是一个很有潜力的产业。在航空航天业、汽车工业、现代制造业、医学和生物工业技术等领域，它都蕴含着很大的发展空间。在个人消费品领域里涉及个性化创意的应用，以及数量较大的生活用品制造方面也有着良好的发展前景。在此，我们为读者选择了3D打印的100个应用案例，以使读者对该技术的应用有所了解。

第一节 工业设计案例

增材制造最初被称为快速原型制造，其目的就是快速生产出零件的原型件。许多人们日常生活的新产品急需快速获得显示外在形貌或者包含部分功能的原型件，投放市场接受检验。设计是现代制造业的灵魂，而工业设计为此增添了美丽的外衣，使之具备了立体感，并且能够与增材制造技术完美结合。作为经济转型升级的助推器，工业设计产业近年来受到国家和各级政府高度重视。它极其讲究艺术创新与工程学科的结合，既考虑工业产品的结构与功能，又注重丰富的文化底蕴和文明展示。为了使工业产品的艺术造型与色彩、功能与结构、形式与外观、外形与工艺、产品与环境以及人机关系等均能够达到协同创新，将增材制造技术引入我们的视野非常重要。

案例1：工业设计

增材制造（3D打印）技术的魅力在于它不需要在工厂进行设计与制造，无论何时何地，用3D打印机就可以打印出设计者精巧缜密构思的从小零件、小物品至汽车车身、发动机等大零件、大物品，乃至整车模型。它能够实现高达600点每英寸的分辨率，每层厚度只有0.01~0.1毫米，即使模型表面上的文字或图片也能够清

第五章 3D打印的典型案例

晰打印。由于打印精度高，打印出的模型除了可以表现出外形曲线、曲面的光滑平顺，零件的精细结构以及运动部件的配合部分也可以完全展现。如果打印出三维的机械装配图，则齿轮、轴承、拉杆等都可以正常活动，而腔体、沟槽等形态特征位置足够准确，可以满足装配要求。所以，增材制造技术在工业设计中用途较广。许多高校一直以来开展的机械设计比赛的内容有了新的发展。下图为青岛某大学的新型扫地车的设计制作比赛作品。在设计的同时，学生使用西安交通大学的SPS系列光固化成形设备制作了扫地车的关键零部件，并且进行了装配。这就使得设计者在设计完成后，可以根据制作的模型的实际效果对设计进行优化调整，使设计思路更加明确，设计更加完善，更符合制造的要求，效果也更加容易评判。图为采用光固化技术进行家用空调、电暖气和电风扇设计及模型制作的实例。

设计效果图

电暖气、电风扇设计实例（陕西恒通智能机器有限公司）

案例2：轻量化、免组装结构件的设计与激光选区溶化直接制造

免组装机构是指在零件设计阶段将组成机构的各个零件组装好，然后一次性直接制造出，免去后续组装工序的机构。这种机构不仅仅是机构设计概念的创新，在更深的意义上，这种理念的存在极大地解放了机构设计自由度，提升三维机构模型创新能力，为现代机械及一体化设备设计、创新和发明提供系统的基础理论和有效方法。右图为采用激光选区熔化（SLM）直接制造出来的免组装组件。这几个例子说明在设计结构件的CAD模型时，可以不

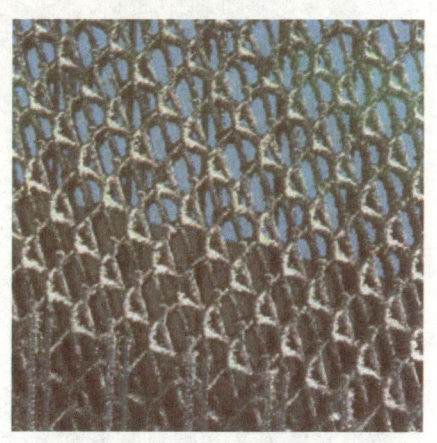

SLM直接制造的轻量化结构件（引处 SLM Solutions公司）

受传统设计方法的局限,创新性地设计出各种轻量化、免组装的结构件,充分体现了"制造改变设计"的思想。目前,面向免组装机构的数字化设计与激光选区烧结或熔化快速制造的基础研究正在成为热点。左图为轻量化设计得到的空心结构,它的重量明显大大低于实体件,而能够抗住足够高的面压力。下图为自由曲面耦合设计的齿轮,这些齿轮的啮合度明显优于传统设计的齿轮,而重量却有较大程度的减轻。一些具有中空结构的子母部件,中空不仅意味着重量的减轻,使得中空部件的机械性能更强,更能够适用于特殊的配合要求。

SLM直接制造的自由曲面耦合设计的齿轮(华南理工大学)

SLM直接制造的免组装万向节(华南理工大学)

SLM直接制造的子母部件(引自ConceptLaser公司)

案例3:新型手机外壳造型设计

手机的问世引起了广泛重视。自20世纪90年代起,厂商不断推出新产品、新样式,赶着参加各种展销会、商品洽谈会等。因为有时候甚至紧到只有短短的几天,厂商根本来不及开模具赶制新款式的手机拿去参展。展销会上,琳琅满目的手机外壳都是在极短的时间内采用增材制造技术赶制出来的。

第五章　3D打印的典型案例

在2013年移动世界大会（MWC）上，近来备受热议的增材制造（3D打印）亮相展会，会上厂商公开为诺基亚Lumia手机采用3D打印技术打印外壳，从而迅速由观众的反映了解到他们对于不同外形手机壳的喜爱程度。诺基亚更进一步发布了Lumia 820的3D打印开发包，让Lumia手机用户能够自主使用3D打印机制作手机外壳。这些设计文件包含机械图样、护套尺寸和建议使用的材料等。目前多家3D打印公司已经为多款手机提供了外壳打印服务。请你想一想，如果你的手机外壳是自己设计制造的个性化造型，既具有浮雕效果，又含有特殊的意味，有多么酷呀！

手机背面

手机前盖

手机外壳的造型设计

案例4：自行车造型个性化设计与快速制造

自行车从1818年诞生开始，就没有停止过发展的脚步，现在已经演变为十几类无数款式造型、功能不同的自行车大家族。自行车的造型设计是在满足各种功能需求的前提下进行的，个性化和实用美观是需主要考虑的。最近，位于英国布里斯托尔附近的欧洲航空防务和航天公司采用先进的增材制造技术，首次使用尼龙粉末打印出了一辆功能完备的空气自行车（Airbike）。它看上去非常时髦，仅由6个部分组成，尺寸虽小，比铝还轻65%，坚固程度却与钢铁和铝制成的自行车不相上下，它代表了英国创造力的最高水平。他们首先在计算机上设计出一辆自行车，然后输入3D打印机里，打印机的耗材盒里装着尼龙粉末。计算机软件将三维设计图分割成很多个二维层面，使用激光束将平铺的粉末熔化，让其成为打印材料的首层，接着在它上面覆盖一层

3D打印的尼龙自行车

新粉末。按照3D图纸将其一层一层打印出来，最终堆砌出了这辆自行车。实际骑行表明，它的功能确实是不错的。科技人员的目标很明确，那就是展示具有突破性的增材制造技术，能使从空中的飞机、卫星到地面自行车的每一件产品设计革命化。

案例5：汽车3D设计、打印一体化

3D打印汽车，除了指采用增材制造技术生产汽车之外，而且特指采用3D设计技术后，立即用3D打印制造出样车，即设计、打印一体化。

众所周知，一辆汽车从它的设计到问世再到达顾客的手中是多么耗时。粗略地说，它包括目标的设定，制订开发计划，汽车总布置的确定，车辆设计开发的安排，车辆运动性能、转向系统的设计，发动机详细设计，电子／电气元件的设计和制作等。设计经权威部门通过后，开始进入其成千上万个零部件的制造阶段。最后是在汽车组装后，

3D打印汽车在车展上亮相

全面性能实验和上路进行路试，又将耗费很长的时间。在人们生活快节奏的今天，谁有耐心如此等待呢？这样，增材制造技术被许多汽车发烧友寄予厚望。如何用尽可能短的时间，设计并制造出刻有自己印记的汽车呢？这是梦想吗？

2013年2月，世界首款3D打印汽车Urbee 2面世，它是一款混合动力汽车，绝大多数零部件来自3D打印。其制造者美国人JimKor声称将会量产这款名叫Urbee 2的轿车。它具有优异的性能，耐用且又环保、时尚。在国内最顶尖的汽车研发中心——坐落在上海金桥的通用汽车中国前瞻技术科研中心也实现了3D打印汽车，打印一辆模型车仅需一两天。人们对于形状各异、性能超群的跑车最为瞩目，F1大奖赛更是吊足了人们的胃口，我们国家也引进了此项赛事。到网上搜索，马上可以看到各种由3D打印得到的琳琅满目的赛车模型。

案例6：小家电手板模型造型设计与制造

随着我国经济实力的增强，许多专业手板模型制作商，由原来简单地按照客户要求制作模型，发展到致力于手板模型的外观、结构设计和制作，材料也扩展至ABS、透明ABS、PC、POM、PMM、尼龙、不锈钢、铝合金、铜等许多种。而小家

第五章　3D打印的典型案例

电需求旺盛，极大地推动了手板模型制作的机械化、自动化程度的提高。它们除了拥有先进的机器加工设备，经验丰富的手板、机械、电子专业人才和技工，而且购买了多种增材制造设备以及相应的大型软件，能为客户提供从创意或图纸到成品板一站式服务，能够将客户的产品设计理念和构思巧妙地表达出来，制造出高质量、高精度、精细美观的手板模型。下图为浙江余姚市某公司的3D打印得到的多款家用电器的手板模型和广东深圳市某公司的手板模型的造型设计与制造（采用SL工艺）。

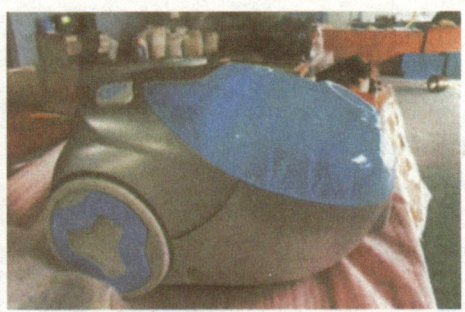

手板模型造型设计与制造（浙江余姚市某公司）

手板模型造型设计与制造（广东深圳市某公司）

第二节　文化创意产品案例

　　生活在四维的立体空间中（加一个时间维），我们的眼睛和身体感知到的这个世界都是三维立体的（时间轴是抽象的），并且具有丰富的色彩、光泽、表面、材质等外观质感，以及巧妙而错综复杂的内部结构和时空动态的运动关系。我们对这世界的任何发现和创造的原始冲动都是三维的乃至四维的。增材制造是文化创意产

业广泛应用的基础性、战略性工具技术，嵌入到文化创意产业的整个流程，包括工业设计、工程设计、模具设计、数控编程、仿真分析、虚拟现实、展览展示、影视动漫、地产宣传片、3D立体画、电子楼书、教育训练等，是各国争夺行业制高点的竞争焦点。

在2013年北京第七届中国国际文化创意产业博览会上，突出展现了文化与科技融合的力量，透视出中国文化产业发展的潮流和趋势。展览会上，增材制造（3D打印）遍及多个展区，借助3D打印获得了全新的表现方式、全新的文化内涵和文化价值；3D打印成为工艺设计、玩具制造的宠儿。文博会的展览显示出高科技正在全面融入文化产业，创造着新的文化消费市场。

再举一个例子。在2012年热播的电影《十二生肖》中，著名演员成龙戴上一个有很多传感器的手套将兽首全方位扫描一遍，另一处的3D打印机瞬间就打出了一个一模一样的兽首来。每到放映到此处，必然引起惊叫声和感叹声一片，间或会有人引经据典地说："3D打印正在成为现实。增材制造与现代文化及文明之间越来越没有任何间隙了。"

案例1：伦敦奥运会马球雕塑

作为伦敦奥运会唯一安装的中国雕塑，著名雕塑家黄剑创作的青铜组雕《2012伦敦马球图》亮相伦敦奥运会主场馆旁。《2012伦敦马球图》青铜组雕是由杨贵妃雕塑、唐明皇雕塑、丘吉尔雕塑、威廉王子雕塑和中英文马球说明台五部分组成。它由青铜铸造，高4米左右，把3人参与马球运动的神态做了惟妙惟肖的刻画塑造，构成了颇具幽默感的运动场面，很有些穿越的韵味，同时也说明了马球运动穿越历史与国界、穿越文化与种族，带给人们运动的快乐和竞争的激情。

陕西恒通智能机器有限公司为《2012伦敦马球图》微缩礼品款提供了增材制造技术，首先通过三维扫描技术获取青铜组雕的三维数据，然后通过增材制造技术数据处理软件读取雕塑的三维数据，并通过立体光固化成形技术（SL）制作微缩版的雕塑。SL技术制作的微缩礼品款与原雕塑如出一辙，形象生动，情态逼真，且更为轻便，携带方便，此外，可以根据特定的缩放比例要求进行定制化的制作。使用SL技术制作的微缩礼品款雕塑被雕塑家和有关方面赠送给国际友人，传递着中国的文化艺术和风情，也传递着奥运的激情与梦想。

第五章　3D打印的典型案例

伦敦马球图微缩礼品查模型（陕西恒通智能机器有限公司）

案例2：《满城尽带黄金甲》电影人物造型

通过增材制造技术，能够将传统文化产业（电影、动漫）中的虚拟人物实体化做成栩栩如生的三维模型，而电影中的故事情节恰恰赋予了这些模型新的生命力。增材制造技术带给我们的不再是冰冷的模型，而是文化产业附加值的延续，这些栩栩如生的模型将留给人们无尽的想象空间。《满城尽带黄金甲》在2006年全面冲击奥斯卡未获成功，但是本片视觉造型方面的成就仍然值得关注。此片唯一的入围奖项是最佳服装设计，虽然最终败给了《绝代艳后》（Marie Antoinette，2006），但这个结果也丝毫没有减弱国内从事电影空间环境、人物造型的工作者们的兴奋情绪。不管张艺谋导演在本片的构思阶段是否有意使其服装造型成为奥斯卡的热门关注对象，但这部影片的服装造型设计最终得到了奥斯卡业内人士的充分肯定，成为第一部在奥斯卡获得服装设计奖提名的中国影片。

电影《满城尽带黄金甲》的人物形象模型（陕西恒通智能机器有限公司）

案例3：金光灿灿的金属浮雕

为避免传统雕刻式金属浮雕加工过程中的材料浪费，实现金属浮雕的快速制造，华南理工大学提出了一种从图像直接制造金属浮雕的方法。针对现有浮雕设计软件对激光选区熔化（SLM）工艺支持不足的缺点，他们利用可视化工具包（VTK）和扫描路径生成库（SPGL）开发了用于SLM的浮雕设计制造软件。该软件

3D打印

具有3D浮雕建模、浮雕模型切片、扫描路径生成和加工代码生成等主要功能，能够将图像直接转化成用于SLM设备的加工代码。采用增材制造技术除了使浮雕的立体感得以充分体现，还大大减少了材料的消耗。

用316L不锈钢粉末在SLM设备上进行了金属浮雕的加工实验，右下图为神马的实心和空心金属浮雕。金属浮雕具有很强的立体感，在一定意义上是艺术再创作。

神马图像原型件

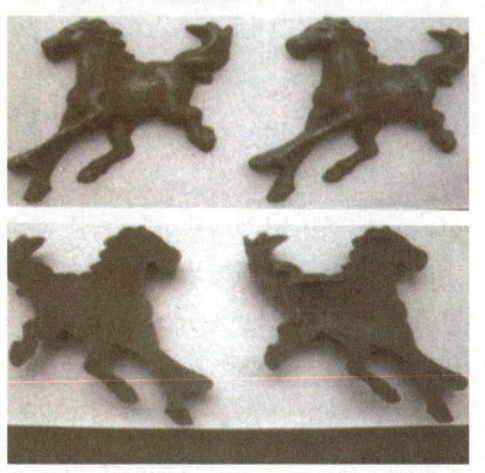

神马实心和空心金属浮雕的正面与背面
（华南理工大学）

案例4：《哈利.波特与死亡圣器》中的圣器

影片中瘦小的男孩哈利·波特因为失去了父母，从小在德思礼姨妈家长大。他受尽表哥达力和同学们的欺负，在家也不能吃好穿好，甚至只能睡在碗橱里。10岁这一年，啥利被巨人海格带到了霍格沃茨魔法学校，并被告知自己是一名巫师，从此，他的命运发生了逆转，生命里充满了奇幻和冒险。在魔法学校他见识到了许许多多的不可思议，特别是奇妙的神奇生物。片中的魔法圣器饰品起到了承上启下的关键作用。采用激光选区熔化技术制造出的这些死亡圣器，它们闪闪发光，充满了神秘的意味。哈利即将迎来自己17岁的生日，成为一名真正的魔法师之时，他却不得不永远离开他曾经生活过16年的地方。一直在暗中伺机

SLM直接制造的《哈利·波特与死亡圣器》中的魔法圣器饰品（华南理工大学）

销毁伏地魔魂器的哈利，意外地获悉如果他能够拥有传说中的三件死亡圣器，伏地魔将必死无疑。但是，伏地魔也早已开始了寻找死亡圣器的行动，并派出众多食死徒，布下天罗地网追捕哈利……哈利与伏地魔在魔法学校的禁林中遭遇了，哈利竭尽全力却倒在了伏地魔抢先到手的一件致命的圣器之下，形势万分紧张……然而，伏地魔未能如愿以偿，死亡圣器不可能战胜纯正的灵魂。哈利最终赢得了这场殊死较量的彻底胜利。这场戏中，死亡圣器的造型决不能平庸无奇，也不能太过复杂，使人眼花缭乱，采用增材制造技术很好地完成了它的造型。

第三节　工艺美术品案例

工艺美术的核心是美化生活用品和生活环境的造型艺术，它的突出特点是物质生产与美的创造相结合。各类工美作品或者属于纯艺术品，或者是具有使用功能的艺术品，而以后者占绝大多数。工艺美术的灵感来源于人类的生产实践，工艺美术的作品反映了时代的先进制造技术水平。

工艺美术创作与增材制造技术结合的案例有很多，许多家AM公司已经与工艺美术制作单位合作，有了许多成功的例子。之所以能够有这些成绩，根本原因在于新技术有助于工艺美术的百花齐放、推陈出新。在工艺美术的未来发展过程中，设计师的独特设计灵感辅以先进的AM技术手段，必将迸发出更多的火花，创造出更加精巧细致、巧夺天工的工艺美术作品。目前，虽然增材制造技术在艺术上的应用可能稍显稚嫩和粗疏，但是确实做到了许多工美艺术家以前认为做不到的事情。

案例1：中国龙艺术品

龙是中国文化最具代表性的图腾，中国人对于龙的喜爱自不必说，外国人也对这种神秘的图案具有浓厚兴趣。深圳某礼品公司希望能够制作一批蟠龙工艺品送给公司的国际合作商，尽管前期进行了蟠龙图案的设计，但是当雕刻师傅看了蟠龙图案后，连连摇头，纷纷表示难度太大。蟠龙图案造型异常复杂，蟠龙的每个爪子都有各自的动作，而且蟠龙全身布满鳞片，蟠龙的胡须直径最小还不到1毫米，如此高的精度要求，对于传统加工方式来说几乎是不可能完成的。该公司将蟠龙的数据交给陕西恒通智能机器有限公司后，第二天就拿到了蟠龙模型，蟠龙的胡须、鳞片等细微特征得到充分的体现。增材制造技术所做的不仅仅是模型的重现，更为重要的是能够将模型本身的生命力体现得淋漓尽致。

中国龙艺术品的原型

中国龙艺术品的模型（陕西恒通智能机器有限公司）

案例2：充满文化气息的印章印纽

深圳某企业为开拓市场，希望制作一批印章作为礼物送给重要的客户，并且要求印章上的印纽与客户的十二生肖相结合。印章本身体积较小，如果在印章上再进行一些特定图案的雕刻，对于传统的手工雕刻工艺来说，无疑是个巨大挑战，不仅要求雕刻师具有丰富的雕刻经验，需要大量的时间和精力进行构思、制作、打磨，如果在制作过程中出现操作失误，这件作品就很有可能报废，需要从头开始。陕西恒通智能机器有限公司为其提供了增材制造技术，该公司发现只需要通过简单的三维图形设计，将十二生肖与图章相结合，能够在一天的时间制作出几十个印章，而且还能根据客户的特定需求，快捷地更改图章的图案、字体等特征。下图为使用增材制造技术制作的十二生肖图章质量精美，动物图案栩栩如生，让客户爱不释手。

第五章　3D打印的典型案例

十二生肖印章模型（陕西恒通智能机器有限公司）

案例3：兽首灯

北京工业设计促进中心设计的兽首灯利用三维扫描技术，重现圆明园兽首，并利用工业设计点石成金，灯里面藏有沙漏的设计。当圆明园印象由暗转明的时候，沙就会不断地往下流，兽首头像就会慢慢展露出来。在这个过程中，兽首灯会不断地变亮，直到沙全部落下，达到最亮的程度。这款明暗随时变化的照明产品在制造时，利用了增材制造技术。它的构思精巧，功能多样，质量上乘，深受人们喜欢，这是新技术对工艺美术的支撑。

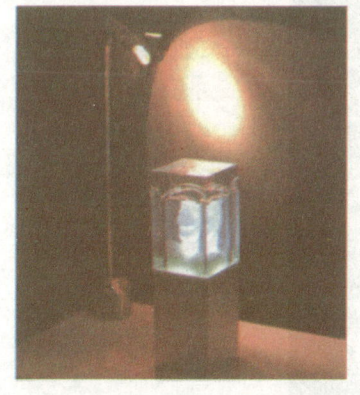 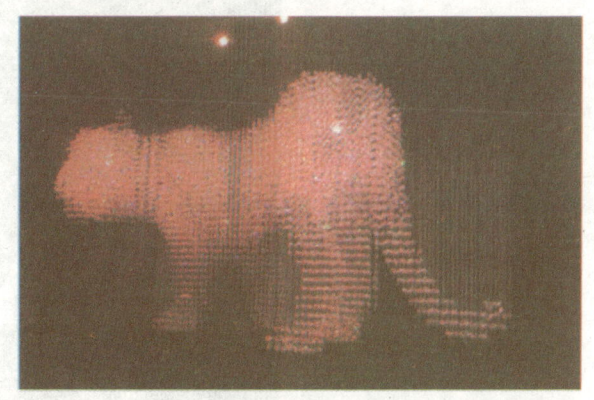

兽首灯（北京工业设计促进中心）　　　　猛兽灯（北京工业设计促进中心）

案例4：增材制造的板胡可以演奏

长沙华曙公司的总经理许小曙用他们公司生产的增材制造产品——板胡进行了演奏。演奏完后他向记者介绍："以前板胡是纯手工制作的，一个熟练的制造师大概要一个星期才能制造出一只板胡，但我们半天时间就能够把板胡给打印出来。"

屋子里有一台比冰柜还大的激光选区烧结机，需将板胡放在激光扫描仪上，获取它的三维图形，就能通过打印机"复制"出一把相同性能的尼龙板胡。"它可以复制出一些很复杂和很独特的东西，比如17世纪的小提琴，流传在世不到十把，但我们可以完全一模一样地复制出来。"（2011年2月的一期英国《经济学人》杂志封面是一把意大利提琴制造家史特拉第瓦里（Stradivari）所制的提琴，该刊登载的文章有一个响亮的题目：《打印一把小提琴——论3D打印》，2013年中央电视台播放了该公司生产板胡的视频，引起了很大的震动。

案例5：山水泼墨画抽象为现代艺术品

泼墨是国画的一种画法，亦可称为写意画，是用笔蘸墨汁大片地洒在纸上或绢上，画出物体形象的一种画法，就像把墨汁泼上去一样。而山水泼墨画，其抽象的意味更浓。在西画及摄影中，山水亦即风景，它应当有很强的立体感。中国画中山水的境界最为重要，通过笔墨的神奇表现力，将观者推向无穷遥远、缥缈虚空的意境。都说中国山水画是一种平面艺术，连画树都好像是从中间锯开来似的，但这种看法绝对是不正确的，是一种浅薄的偏见。

由山水泼墨画抽象出的现代艺术品

我国艺术家运用灵感，采用3D数据处理和增材制造技术，将一幅山水泼墨画抽象成为一座立体的现代艺术品。

案例6：3D魔法彩蛋

软件服务商Shapeways近日发布了一个新的打印服务接口。这款应用程序名叫"Magic 3D Easter Egg Painter"（3D魔法彩蛋），为iOS应用程序，提供复活节彩蛋的绘制功能，并能360°全方位旋转。把计算机屏幕上的复活节彩蛋，想象成现实世界的物体。你手中的iPhone可成为一个可以转动的窗口，让你从各个角度观察和绘制。请起立，举着你的iPhone，转动你的彩蛋。绘制完正面，继续举着iPhone站着，原地转180°，现在开始画背面吧！轮到画顶部了，把iPhone放平了，俯视屏幕，继续画

个性化设计的3D魔法彩蛋

吧。别忘记绘制底部！把iPhone高举过头，抬头望着底部，慢慢画！绘制完毕后，你可以点击按钮，让Shapeways把它打印出来。作为礼物，或者在复活节那天藏起来，让孩子们来找吧。哈哈，多有意思！把数据交给3D打印机，很快，你的手中就可以握住一只魔法彩蛋啦。

案例7：陶瓷艺术品

最近，Sculpteo和波兰游戏开发商Infinite Dreams（无限梦想）合作推出数字化陶器制作应用程序，并提供3D打印。Let's Create Pottery!（让我们来创造陶器！）是一款可以在平板电脑和智能手机上进行陶器塑形、烧制、彩绘的应用程序（苹果app，安卓app）。Sculpteo负责将虚拟罐子变成实物。这款应用程序有专门的分享社区。已经有25万多个虚拟罐子发布在这个网站上。通过3D打印技术，按你设计的虚拟模型制作出复制品：形状、纹理、颜色，与使用者的设计完全一致。罐子采用砂石纹理，具有接近黏土质感的效果。在2013年1月的消费者电子展上，就展示过Let's Create Pottery! 应用程序打印出来的3D打印陶器。每个驻足观赏的人都忍不住会去触摸陶罐，观察复杂的纹理。

3D陶瓷花瓶　　　　　　　　　　　　陶瓷艺术品

案例8：最时尚的旅游纪念品——知名建筑模型

　　许多旅游景点卖得最火的旅游纪念品往往是当地的知名建筑物模型。采用增材制造技术得到的模型造型逼真，生动形象，集旅游地的念想在小小的模型上，使得游客不但在旅游地流连忘返，而且在回家以后，一旦观赏或把玩这些模型时，就会勾起自己的想念之情。纪念品的制作既可以增加当地民众的收入，还可以使得当地的建筑更加名扬天下，看似简单的模型可以为各方带来无穷的乐趣与实惠。这些立体建筑模型，带回家后可作为居家装饰品、艺术品。

旅游纪念品——小建筑模型

案例9：夜光小宇宙

右图为一件采用增材制造技术得到的树脂基的工艺品，题名为颇有诗意的"夜光小宇宙"。

仔细看，它的确是亿万年前宇宙开始出现时的一片混沌的样子，或者已经出现了点缀在深邃夜空中的闪烁星星。它不仅给人以思索："与巨大永恒的宇宙相比，我们人类显得多么渺小呀！我们不应当碌碌无为、苟且地生活，而应当胸襟开阔、坦坦荡荡地生活。"夜光小宇宙的中心可不是蛋黄哟！如果它描述的是太阳系，那黄色的中心应是太阳刚形成时的模样；如果它描述的是银河系，那黄色的中心应是织女星刚形成时的模样。

请注意：这里的星星斑点可不是随意而为的，而是有数据支持的，也就是有科学依据的。

树脂基艺术品——夜光小宇宙

案例10：激光内雕艺术品

激光内雕是一种颇为引人注意的工艺技法，您说它是属于增材制造，还是减材制造呢？因为是内雕，所以没有去除材料，而同样也没有增添材料。从数字化制造来看，数据驱动的是材料本身而没有使用刀具等辅助工具，因此姑且也可把它当作是一种特殊的增材制造技术吧。右图为两件非常精美的激光内雕艺术品：左边艺术品，有一个半张着翅膀的少女天使徜徉在开满鲜花的原野上，远处的星光照耀着她前行；右边艺术品中雕刻的是莫斯科红场的景致，周边是克里姆林宫的高塔，中间是红场和列宁墓，肃穆庄重。两件都雕刻得异常精致，显示出高贵典雅的气质。

激光内雕艺术品

案例11：增材制造让艺术品复活

公元6世纪的北齐石狮子具有活泼的外貌，动感十足，又流露出调皮的神色。无奈它们沐风栉雨，早已剥落风化，残破不堪。中国艺术家利用3D扫描技术从石狮子身上获得数字信息，利用3D处理软件，对它们进行了数字修复（这也有极大的再创造的成分，因为需要补充的那些部分，必须依靠修复者的艺术修养与精细构思），得到了完整石狮子的数字模型，通过使用增材制造设备，获得石狮子的原型件，据此复原了北齐的石狮子。在考古界，对于增材制造技术寄予厚望。例如，我国在近代考古史上，发现了不少女性未腐尸体和较为完整的颅骨，有的甚至栩栩如生，令世人惊叹世事之无常。

北齐石狮子模型

这些女人，活着时到底长什么样子呢？基于增材制造技术的现代人像复原技术让她们复活了。人们发现，她们之中有的甚至具有现代影视女星的气质。

案例12：雕塑变形模型

《路以撒·德蒂半身像》是一个著名的雕塑，可是右下图怎么有点面目全非，让人感到面目狰狞呢？原来它将陷入沉思的路以撒·德蒂的面孔，替换上了一个盛怒咆哮的丑陋男人的面孔，雕塑所表达的意思就全然不同了。

这看起来是一种恶搞的行为，但其实也是一种艺术创作，需要人们发挥自己的灵感与艺术才能。下面的两张图其实是最近纽约大都会博物馆主力、的"Met3-D"黑客马拉松聚会中的作品。想象一下这样的场景：一群程序员被关在房间里，要他们创造一点酷玩意出来。主办方并邀请了一帮高科技人士，其中包括Makerbot网站的创始人布里·佩蒂斯、艺术家马留斯·瓦茨、设计师安妮·弗莱什、教授里茨·阿鲁姆等。博物馆把雕像和艺术雕塑交给他们随意处置。这些专家结合3D摄影和3D软件技术，并且选用增材制造技术，由此制造出了基于感兴趣的藏品的三维变形模型。主办方将这些新创作的模型上传到Makkerbot网站，免费发布给公众使用。我们不禁要问：他们这是一种什么样的创作冲动呢？

《路以撒·德蒂半身像》与其变形模型（头部）

案例13：增材制造艺术品网上评选

打开百度图片网址，输入"3D打印艺术品"这个关键词，马上就出现24 900余张相关的海量精美图片，人们还组织了大众点评活动，通过投票，从海量图片中遴选出最佳创作。由下图可知，这些创作中有飞机模型、建筑模型、异形日用工艺品以及构思精巧的艺术品等。

部分大众点评的3D打印艺术品

第四节 建筑模型案例

随着我国城市化水平不断提高，建筑模型的设计造型也愈来愈受人们的重视。建筑模型设计者为了更好地表达设计意图与展示建筑结构，以往通过手工雕塑将设计模型制作出来，但是制作的模型往往精度不足，无法完整全面地表达设计师的内心思想。增材制造技术能够将建筑设计师的设计理念迅速地转化为可以看得见、摸得着的建筑模型，使得建筑设计的表现更加立体化、更加直观。

增材制造的建筑模型

案例1：上海某建筑设计模型

上海某建筑设计事务所为了参加国际设计展览，设计师完成设计建筑手稿后，由于参展时间不充裕，使用传统手工雕塑根本无法在限定时间内完成设计修改及参展任务。使用增材制造技术代替传统的手工制作，在短短几个小时内就完成了模型的制作。且使用增材制造技术制作的模型不仅克服手工制作模型的精度不高、表面粗糙等种种不足，更为重要的是把设计者的意图直接、精确地反映在模型上，设计师根据制作的模型及时修改了设计手稿，通过增材制造再次制作了设计模型，并将使用增材制造技术制作的模型参加了设计展览，使得一项杰出的设计模型得以完美地展示在世人面前。

增材制造制作的实物模型（陕西恒通智能机器有限公司）

案例2：西安大雁塔缩放模型

大雁塔是西安市著名的旅游景点，唐代永徽三年（652年），玄奘为藏经而修建，塔身七层，通高64.5米，被视为古都西安的象征。为了复原这一文化瑰宝，西安市文物局使用了西安交通大学的增材制造技术进行了缩放模型的制作，由于大雁塔每一层的造型皆不相同，且在每层塔身都布满了精美的雕刻，使用传统手工雕刻方式制作这一模型不仅周期较长，而且制作出的模型也无法保证与大雁塔完全一致。而增材制造技术制作这一模型仅需几个小时就可完成，制作后的大雁塔模型结构精美，充满了历史的沧桑及美感。西安市文物局将大雁塔增材制造模型送给国内外的贵宾，将中国的传统建筑文化推广到了世界各地。

西安大雁塔CAD模型（西安交通大学）　　增材制造缩放实物模型（西安交通大学）

案例3：建筑模型的附属模型

建筑模型有各种附属模型，例如建筑沙盘内，除了楼房等建筑物的模型，往往会配放一些附属模型。右上图是杭州唐夏公司制作的建筑模型的附属模型。这类模型既可以作为建筑物内的装饰品，也可以作为庭院中的雕塑等艺术品，起到美化环境的作用。更广泛地说，装饰灯具、装修物品、壁挂艺术品、家用工艺品等均可认为是建筑的附属物，这类模型涉及面也极广。下图是另外两个

建筑模型的附属模型

附属模型，亦可以用于装饰，或者使它们具有一定的功能，如制成靠垫、脚踏等。

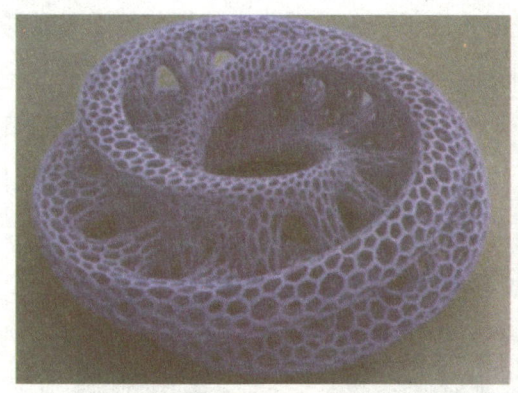 

用于装饰的附属模型

案例4：生动、真实的彩色建筑模型

为了更好地获得对于所设计的建筑模型的理解和印象，人们倾向于获得彩色的立体建筑模型。Zprinter（Z轴打印机）系列三维打印机是一种采用彩色材料的增材制造技术的装备。它与SLS激光选区烧结工艺类似，米用粉末材料成型，通过喷头用彩色的黏结剂将零件的截面"打印"在材料粉末上面，层层叠加，从下到上，直到把一个零件的所有层打印完毕。彩色立体的突出效果，内饰外装的色彩完美结

合，更加增强了建筑模型的艺术表现力，这也是由Zprinter获得的彩色建筑模型的最大特色。

彩色建筑模型

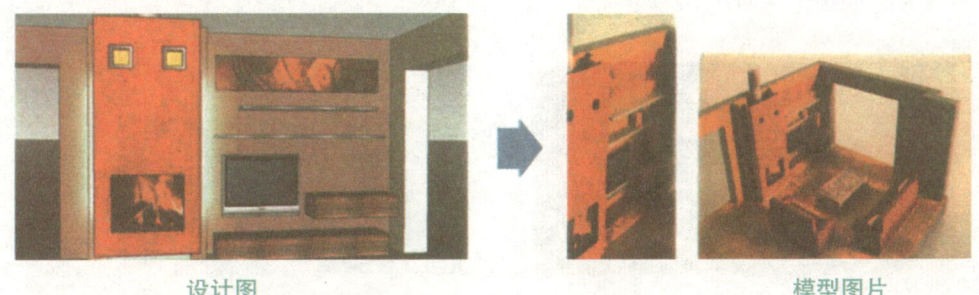

设计图　　　　　　　　　　　　　　　模型图片

彩色建筑模型的增材制造

案例5：现代异形建筑模型

为了充分发挥建筑设计师不拘一格、无与伦比的想象力，人们利用各种增材制造技术，设计、制造了许多异形建筑模型。从流派上看，这些怪异的建筑物多属于现代派的范畴，又可以细分为各种名目的流派与分支。下图是采用SLS工艺获得的一些怪诞却颇吸引眼球的异形建筑模型，以及某个高耸云天的建筑模型的高精模型。

3D打印

怪诞的现代异形建筑模型

高层建筑高精模型

案例6：Emily建造的酿酒屋

Emily使用了一张1930年的明信片上的酿酒屋照片，又去实地获得了一些细节。凭借着坚强的性格和持久的耐力，她使用免费的网页版3D建模工具Tinkercad，成功地完成了酿酒屋的3D建模，这是她第一次满意的建模作品。然后，她采用增材制造设备，一块砖接一块砖地堆砌出了酿酒屋的建筑模型，那令人惊讶的外观表现力和漂亮的细节使人爱不释手。是她的自造小屋和由原型建造的建筑物惟妙惟肖，这的确给人们留下了深刻的印象。

酿酒屋照片

3D建模

3D模型

原型与实物的对比

案例7：用20小时造一栋楼

身处繁华都市，最想要的就是一个温暖的家，人们正在期望，由于增材制造技术的出现，物廉价美的3D房子即将到来。如果哪天你住进自己打印的房子里，里面充满了自制的家具、厨具、餐具，那会是怎样一种感觉呢！这种基于科学性的幻想，终将变成现实。上图是正在演示采用增材制造技术，如何快速造出房子来。你只需要设计一张图纸，"施工过程"全部由这台"打印机"负责，打印出一个房子只需要不到一天的时

增材制造装置在造房子（引自 Contour Crafting）

间。从演示视频可以看出，这个巨大的3D房子打印机将从房子地基开始，逐步堆积起来。地板、墙、天花板逐次完成，管道甚至电线，均可自行按照设计，预留位置，以后都可以安装到位。显然这个来自Gontour Crafting的3D打印机会执行更多的功能，你只要把门和窗户的CAD图样画清楚，保证打印完后有洞可以供你进去，其他的则留给这台巨大的3D打印机就行！

案例8：一个建筑师的自述

Piet Mleijs是一个年轻有为的建筑师，自2005年起，为一家有雄心壮志的建筑设计公司效力。他负责许多诸如办公楼、民居、教育、私人疗养院等项目的总体规划。为了实现完全无纸化作业（你能想象一个建筑设计公司的设计过程完全不需要纸吗？），基于创造一个应用最新技术的新系统的激情，他将增材制造技术引进了公司。自从2008年5月购买了Objet eden 3D打印机，他们的模型便摆脱了纸张、硬纸板和有机玻璃材料，还可以尽情地测试并从测试中学到东西。之后，他们又探索出了在软件中尽可能快速地创建一个拥有良好外观的模型的方法。下一步需要解决的是清洁轨迹、模型的粉饰以及模型的输出成型。在使用3D打印机时，他们主要考虑了如下问题：①设备能够24小时无间断地进行造型；②分辨率是他们最看中的一点，因为建筑模型通常是比例模型，哪怕很小的细节也需要尽可能逼真；③虽然色彩是他们一开始所关注的，因为在建筑设计模型上，通常一种颜色代表一种材料，但是取舍之后，他们放弃了彩色的要求。下图是Piet Meijs制造的建筑模型。

Piet Meijs制造的建筑模型（引自Objet公司）

案例9：增材制造重塑建筑业

这里举两个例子，说明使用增材制造技术可以重塑建筑业。

第一个例子是梦中之屋：我们的后代要是知道人们使用蓝图来对新的建筑项目进行可视化时，必会开口大笑。有了增材制造设备，潜在房主在第一次付款前就可以打印出色彩饱满、娃娃屋大小的立体新家（见左下图）。像iMaterialise这样的公司会打印出你的新家微型版本，根据大小，价格在400～700美元。第二个例子是建造球场：瑞典创新工作室WE DO使用美国Z Corp公司的增材制造技术，构建了这个令人震惊的具有高度细节的3D建筑模型，这将帮助Stock holmsarenan球场增加到30 000个座位，该体育馆将于2013年完工。在3D数字场馆模型中，虚拟实现的每一个细节，将会在实物模型中完美表现，非常了不起的是模型展现了7 400个座位，每个都有高度准确的细节，每个座椅有4毫米宽（见右下图）。

梦中之屋

3D数字场馆模型

第五节　首饰案例

在首饰制造业的铸造环节中，长期使用手工起版的方法制作原模，其耗工、耗时且不说，技术过硬的起版师更是千金难寻。由于手工绘制的首饰设计图纸往往不会、也不可能在所有部位标注精确尺寸，很多部位（尤其是关键部位的尺寸和比例）往往是起版师在深入揣摩和感受设计图样的基础上，结合个人的体验和经验进行实际版样的制作，因此必然存在某些主观误差。由于设计图样本质属于由三维车入廓数据构成的数据阵列，因此采用AM技术制造首饰的原版，不仅精度更高，而且也更加忠实于原设计的意图，降低了起版师的工作难度，降低了劳动成本；同时，也加快了产品的上市速度。

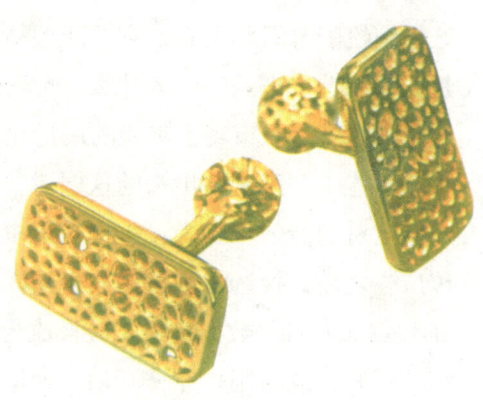

增材技术制造的袖扣

案例1：戒指

深圳市某珠宝有限公司是一家珠宝首饰的销售公司，通过与陕西恒通智能机器有限公司合作，使用陕西恒通智能机器有限公司研发团队为其研发的高精度的增材制造技术设备替代传统的手工制作方式。在设计过程中，首饰的外形复杂度不再受到限制，完全可以根据消费者的需求进行定制化生产，而且与传统手工工艺相比，细微结构的制作更加精良，更具有艺术美感。由于大大缩短了首饰的翻版加工周期，使得产品的更新换代速度迅速提高，提升了公司的市场竞争力。

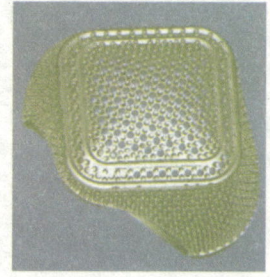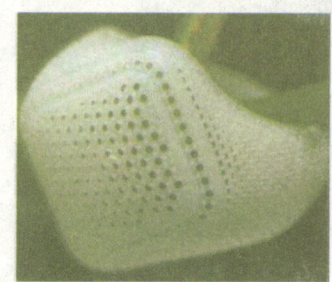

3D打印的戒指工艺品（陕西恒通智能机器有限公司）

案例2：金戒指树

戒指是价格非常昂贵的工艺品，它们的设计与制造过程也是极其昂贵的。下图展示的是一件充满想象力的精妙绝伦的宝物——金戒指树。如果您看到的是分辨率足够的彩图，您就会发现它确实是价值连城，在这棵树上，除了黄金与白金，就是五彩缤纷的宝石和玉石，它的造型精妙，线条细密流畅。这棵镶满宝石的金戒指树是如何制造出来的呢？为什么要造这么一棵树？这棵树上结出来的"果实"——戒指是不是就是在市场上出售的戒指呢？让我在这里向您揭示这些秘密。

由能工巧匠制造出来的这棵树，是戒指精密铸造工艺流程上的一个重要环节。戒指增材制造的步骤为：①接受用户订单，购买者在仔细查看厂商的五光十色的宣传广告之后，挑选出心仪的戒指图样；②根据用户的选择，厂商把戒指图样转换为3D数据，并且将数据进一步转换成为数字图样，让用户非常精确地肯定戒指的各种细节；③厂商与用户充分互动，就增材制造技术与工艺流程开展深入细致的讨论，直至用户满意为止；④双方在就戒指的价格达成一致后，签订买卖合同，在计算戒指的价值中，除了占大头的用料的费用之外，制造费用也是不菲的；⑤利用增材制造技术，比如SLS工艺，制造出戒指的原型件；⑥将诸多的戒指原型件组装成一棵树，但这不是金戒指树，而是看起来十分难看的原型树，放进精密铸造设备中去；⑦采用精密铸造工艺（例如失蜡铸造法），经过复杂且工序繁多的过程，制造出来这棵金戒指树；⑧不是随便一摘，就可以摘下果实——戒指来的，十分重要的后处理工艺是非常关键的，需要经验丰富的老技师，万分小心，精确操作，才能得到质量上乘的戒指。当订购戒指的情侣携手进入商店，看到精美绝伦的戒指时，他们的眼睛放射出满意的光芒来……

金戒指树

原型

模型

戒指原型和模型

案例3：金属饰品

随着生活水平的提高和社会的进步，人们对个性化饰品的要求越来越高。传统加工方法要么只能加工普通的材料，比如尼龙、聚酯纤维等，或者能加工贵重金属，但是因为是"减材制造"，不仅浪费材料，而且工艺复杂，成本太高。激光选区熔化和电子束选区熔化工艺是"增材制造"，它适合于加工形状复杂的零件，不仅节约材料，而且节能环保，并能满足大众的个性化需求。下图是一些首饰或贵金属饰品的增材制造产品。

18K黄金个性化袖扣
（引自德国EOS公司）

具有中空结构的个性化黄金戒指
（引自MCP公司）

案例4：金属昆虫佩饰

采用增材制造技术获得的3D打印钛金属或其他贵金属昆虫工艺品，可以用作精美的佩饰。下图是以甲壳虫为原型的配饰工艺品。

近年来，国际秀场上，LV等大牌不约而同地推出以昆虫为主题的配饰，形式包括了戒指、项链、手链、胸针、耳环及拉链环等。Bottega Veneta以昆虫为原型，设计了包包、项链和胸针等作品，极尽奢华。Donald Corey也创造出了一系列带有昆虫佩饰的手包等制品，并赋予它们不同的象征意义，受到了许多年轻人的追捧。

钛金属甲壳虫工艺品

采用3D打印技术，首先需要以活泼可爱、千姿百态的昆虫为依据，构思并设计出各种动感十足的模型，它们必然包含某种夸张的成分在内。然后获得其数字模型，选择所需的金属材质，驱动3D打印机，得到蝴蝶、蜂鸟、甲壳虫、螳螂等佩饰或首饰。如果在精度上能够满足顾客的要求，就无须后处理而直接快速安装在顾客的胸针或项链上，或者安装在戒指环上。

第六节　个性化服装业、服饰业、制鞋业

人们都说：三分长相，七分打扮。哪一个少女不喜爱别出心裁的衣帽鞋袜以及各类饰品？哪一个少男不钟情于善于打扮的女孩？我们国家已经远离了千人一装的时期。所以，让3D打印的服装、鞋帽在祖国大地上更加风靡吧！

案例1：Nike新款球鞋Vapor Laser Talon

科技的发展可以帮助运动员提高经济水平，Nike公司就利用激光选取烧结技术制造新款足球鞋。这款球鞋被命名为Vapor Laser Talon，重量仅为158.8克（约5.6盎司），减轻了球员的脚部负重，增加了球员的速度。但是目前Nike的生产线不能负担这种重量和复杂几何造成的生产任务，而是用激光选取烧结技术，设计师可以在几个小时内就做出原型鞋款而不是以往的数月之久。

Nike的Vapor Laser Talon球鞋
（NIKE公司）

案例2：舞鞋

网上征订的3D打印舞鞋等的价格十分有趣，下图中舞鞋的单价为：1～9双——398元一双，而10～29双——358元一双，30双以上——298元一双。这与传统制鞋业是完全不同的。传统的制鞋业，越是订购量大，越接近批发价，比单价要低得多。而增材制造的舞鞋，则订多订少，价格相差不大。

网上征订的3D打印舞鞋

案例3：个性化SLS服装、服饰和制鞋

随着激光选区烧结（SLS）技术的日趋完善，一家潮流信息服务公司的市场分析总监、时尚趋势预测师简·蒙宁顿·博迪预测，在未来10年左右，SLS技术将在人们日常生活中获得广泛应用。现如今，总是喜欢尝鲜的时尚界已涉足SLS技术行业。荷兰设计师伊里斯·凡·赫本就用SLS技术来为比约克和Lady GaGa设计时装。Freedom of Creation公司和设计师Naim Josef. 用SLS设备做的高跟鞋，华丽得能让《欲望都市》里的凯莉·布拉德肖喘不上气。使用SLS技术，可以打印出精美绝伦的个性化的服装、时尚的鞋子。

个性化服装

海报网展示的高跟鞋

案例4：晚礼服

下图是一件美丽新奇的晚礼服，由设计师Michael Schmidt和Francis Bitonti利用3D打印技术制作，这件独特的礼服上面还镶嵌着超过12 000颗宝石，显得珠光宝气，耀人眼目。

新奇的晚礼服

第七节　增材制造与创新性教育

增材制造技术及相关设备走进高校或者高等职业学校，可以使学生们充分了解先进制造技术的突出优势与传统加工技术的区别，并在一定程度上掌握、实际应用该技术，特别是有利于他们牢固地掌握各种大型3D CAD软件，这对未来创新技术的发展和创新人才培养具有长远的意义和深远的影响。

第五章　3D打印的典型案例

案例1：概念车的制作

概念车并不是已投产或将投产的车型，它仅仅是向人们展示设计人员新颖、独特、超前的构思而已。概念车是还处在创意、试验阶段，也很可能永远不投产。因为不是大批量生产的商品车，每一辆概念车都可以更多地摆脱生产制造水平方面的束缚，尽情地甚至夸张地层示自己的独特魅力。同时，如果它与增材制造技术结合起来，制造出立体的概念车模型，将给大众以直观的感觉，有利于从大众那里得到共鸣。甚至如果某位钱包满满的阔佬相中了某款概念车，很可能拍板定下投产的决定，那就是概念车直接走向最新的汽车产品。

2013年2月，由在线3D模型库网站联合3D打印机厂商Makerbot举办的2040年未来车设计竞赛有了结果。总共有151个设计入围，最后评选出前六名。竞争要求参赛者设计2040年的概念车，并制作成适合3D打印的CAD模型，奖品是一台Makerbot Replicator 2。

来自德国设计师欧米茄的阿尔法（Alpha by Omega）获得第一名。这款概念车非常酷，设定的技术背景也相当科幻，甚至有些梦幻。欧米茄假定2040年人类已经掌握了冷聚变技术——冷聚变技术就是氢弹技术的温柔可控版，人们只需小小的一些原子就能获得巨大能量，换言之就是人类掌握了无穷无尽的能源—这车设计了3

个磁质等离子流推进器，显然地球已经容纳不了这辆车了，它有绝对顶尖技术。虽然长得有些像电吹风，但这车真的挺酷。

德国设计师阿尔法设计的概念车模型

案例2：具有立体地球形貌的地球仪模型

地球仪是地理教育中的常用模型，可以帮助青少年更直观认识地球。普通地球仪表面一般均为圆球面，各地不同的高程只有用不同颜色加以区别，而利用增材制造技术，可以很准确地制作具有各种地形的三维地球形貌的地球仪，直观地看到各种地形地貌。

早在1994年，我国清华大学就采用中科院遥感所的地球3D数据，进行了三维地球仪模型的设计与制造。将地球表面的高程差数据按比例扩大，转变为层片数据，最终转变为STL模型，在分层实体制造（LOM）设备上进行了制造。

利用遥测卫星数据重构的地球仪模型
（清华大学）

案例3：远古生物模型

据美国国家地理网站报道，借助3D打印技术，一只生活在3.9亿年前浑身尖刺、全身硬甲覆盖的软体动物近日展现在人们眼前。这只近似卵形的软体动物体长不到1英寸（约合2.5厘米），学名叫作"Protobalanus spinicoronatus"。在此之前人们只发现了关于它的少数一些不完整的样本，因此只能进行精度不高的重现工作。雅各布·温瑟尔（Jakob Vinther）是美国德克萨斯大学奥斯丁分校的古生物学家，他说："在最初进行重构时，我们将一些外甲板状物碎块排成一排，它看上去就像是一条长长的大虫子，有17块化石外甲板连成一线。"

3D打印展现3.9亿年前远古生物立体模型（美国国家地理网站）

而最近的模型则是根据2001年在美国俄亥俄州北部发现的迄今最完整的该物种化石构建的。这一化石部分被镶嵌在岩石中，它的壳和刺部分已经被侵蚀破坏了。为了重构这一样本，研究小组利用一种类似医学用CT扫描的技术构建了这一破碎化石的三维立体模型。随后他们煞费苦心地在计算机上将这些破碎的碎块进行精细的拼合。温瑟尔表示，在此之前人们就已经开始对化石使用数字化的立体扫描，但是此次是首次使用这项技术来拼接已经完全破碎的化石样本。

计算机重构结果显示这些相互咬合在一起的外甲板块构成了这种古老生物的盔

甲,并且它们并非排成一排,而是成排成平行的两行。对于这种奇异生物的外形,研究小组成员艾斯本·霍恩(Esben Horn)说它就像是某种电影中出现的怪物。

案例4:"分形"咖啡桌

分形是数学上一个非常有名的分支,它用于描述一些不能用传统的欧几里得几何描述的复杂几何图形,这些图形的特点是极不规则、分布不均,但在各种放大和缩小的尺度上都有着近乎相似的形状,如天空的浮云,起伏的地面以及形状复杂但似乎具有某种规律性的图形等。分形数学能够产生无穷无尽的美妙绝伦的图形,它们的应用也极其广泛。人们采用增材制造技术制作了各种分形图形oFerryman Fractal是一款中国人自己的分形艺术创作软件,目前已在国际性的分形网站中占有一席之地。Ferryman Fractal现已建成FMF,1.8版本已经发布。左下图是分形图形的模型。如果采用冰激凌3D打印机给你打印了一块冰激凌,你舍得吃掉它吗?

我们遵循从抽象到具体的原则。从增材制造设备直接读取数字信息,将数学的抽象美直接打印成实体,展现出数学的具象之美。右下图的分形咖啡桌由一个树状的分形图案构成,最初的4个枝干构成咖啡桌的4条腿,从下往上不断生长分裂,最终在桌面上成千上万个枝干图案连成一体,形成咖啡桌的桌面。它的构思奇妙,既有艺术美和数学内涵,又有实际使用价值。除了增材制造技术,很难想象还有其他加工方法能成形如此复杂的结构。

分形图形模型

利用分形图案设计的咖啡桌

案例5:增材制造作品比赛

国内的各高等职业学校的机械(或机电)学科很早就在3D CAD软件比赛的基

础上，开展了增材制造作品比赛。同学们在学习了3D CAD软件之后，如何检验他们的学习效果呢？比赛是一个很好的方法。原来的比赛显得有一些枯燥，而与增材制造设备的操作相结合，无疑使得参赛的学生兴趣盎然。他们认真钻研软件技术，学习增材制造设备的原理和工艺步骤，熟悉它们的操作。全国性的比赛也使得各个学校的领导更加重视，毕竟学生获奖也是学校的一份荣誉。

第八节　生物医学领域的案例

增材制造技术在生物医学领域的应用可归类为以下四个方面：①体外医疗模型和医疗器械个性化制造：基于CT、MRI等生物医学图像，生成增材制造用CAD模型，应用于外科整形、手术规划和个性化假肢设计等领域；②永久植入物的个性化制造：基于仿生的多尺度生物复杂结构设计，建立具有多尺度复杂结构的生物系统模型，采用具有生物相容性的材料，制造出可植入人体的替代和修复体；③组织工程支架的增材制造：人体组织支架（Tissue Scaffolds）和类组织结构体（Tissue Precursor）的生物制造技术；④细胞增材制造；利用增材制造技术制造具有个性化结构且具有功能性的人工器官与组织。其中，第一个热点即是体外模型和医疗器械的制造。在此类应用中增材制造的零件无须植入体内，所用材料不需要考虑生物相容性等问题；而体外医疗器械一般也只考虑所用材料的力学和理化性能。目前，这类应用最为成熟也最为普遍，正在为人们的健康服务。在美国，大部分此类应用已经纳入医疗保险的范畴，特别是对于大型或高风险的手术，体外模型已经成为常规手术步骤，医生须通过它进行手术规划，并与其他医生探讨与手术相关的各种重要问题。

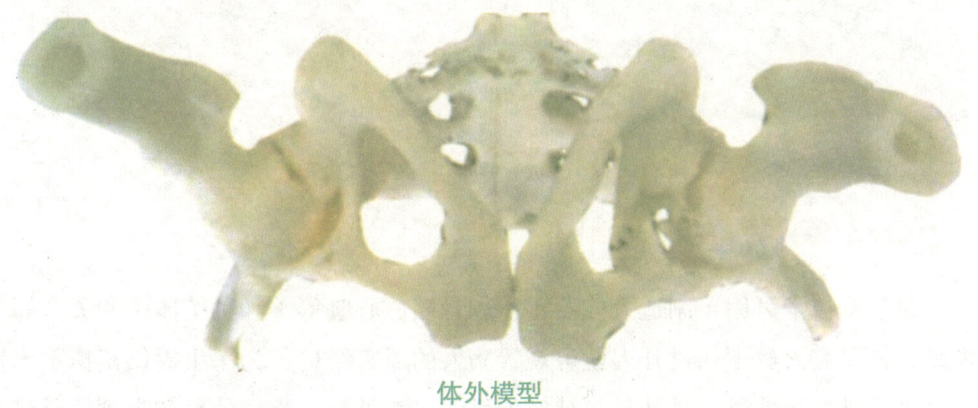

体外模型

案例1：下颚脑部模型、齿科医疗模型盆骨模型等体外模型

这类体外模型的制造步骤一般为：首先，根据患者待手术部位的CT图像等；利用反求工程，通过计算机技术将CT数据转化为三维CAD数据；利用增材制造技术，将CAD数据转化为个性化的体外模型实物。右图是清华大学与北京天坛医院和北京大学口腔医院等合作制造的下颚脑部和齿科体外模型。

清华大学与北大医院合作完成的我国首例采用增材制造技术进行人体器官（半骨盆）修复的真实病例（2000年7月）。首先，通过CT数据反求重构患者盆骨三维CAD模型；然后，利用叠层实体制造工艺加工患者1∶1盆骨模型；医生根据此模型进行钛合金假肢形状的定制及试装配，并进行手术规划；最终将钛合金假体植入体内。

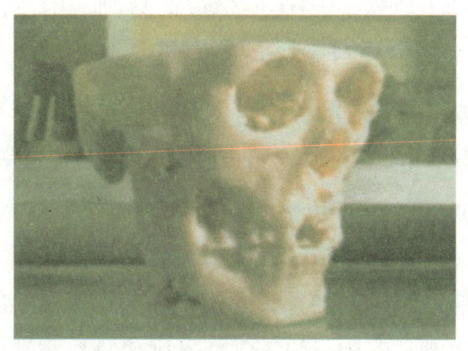
下颚脑部模型（清华大学）

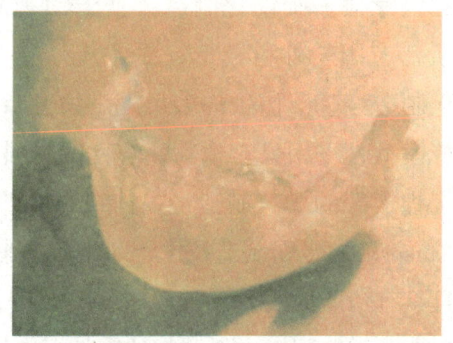
齿科医疗模型（清华大学）

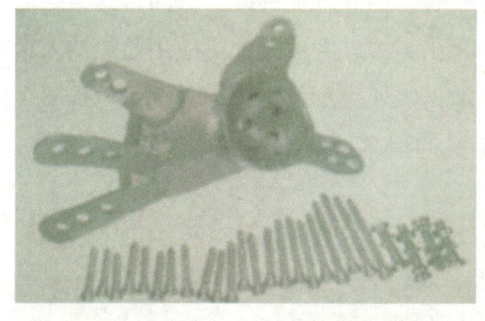
钛合金植入体（清华大学）

增材制造加工的模型（清华大学）

案例2：手术模板与精准手术

增材制造技术可用于制造人体器官（如骨骼、心脏等）和种植体（如关节等）的模型，使研究人员不通过开刀就可观看病人的器官结构，为医生提供模拟手术辅助。该方法已在颅外科、骨外科、神经外科、口腔外科、整形外科和头颈外科等方

面得到了实际应用。

某患者先天性下颌骨萎缩,到上海市第九人民医院口腔科进行手术治疗。医生提出利用患者自体带血管腓骨修复缺损下颌骨的治疗方案。先由工程技术人员根据患者CT数据,重建并设计一个与患者脸型相匹配的下颌骨模型;然后利用熔融沉积制造工艺加工出该下颌骨模型及患者的自体腓骨。根据下颌骨实物模型,医生通过实际截拼试验确定最佳的手术修复方案,保证了手术的精确实施。术后患者的面容恢复良好。

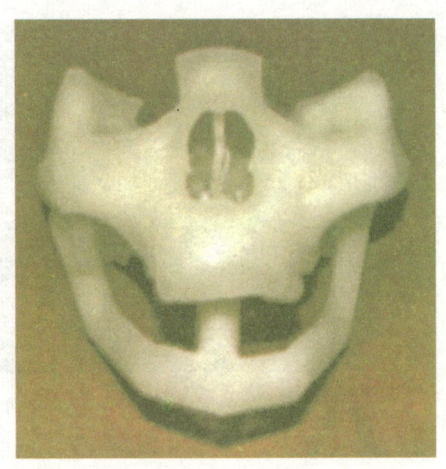

熔融沉积制造的手术模板与精准手术
(北京殷华公司)

案例3:手术导板

2010年广州军区广州总医院委托华南理工大学为一名男性患者股骨上部肿瘤切除术设计与制造手术模板。将患者的股骨CT扫描图像调入医学专用影像处理软件Mimics10.0进行处理,区分并标记出骨瘤生长的区域。采用CAD软件构建出手术模板。将手术模板模型切片生成的CLI格式文件,输入激光选区熔化系统中,调整系统的各项参数为选择的最佳加工参数,启动系统进行加工,获得个性化手术模板。术前利用模板能快速而准确地将异体骨修剪成和切除部位外形接近的形状,术中按照固位要求通过模板上的孔洞临时打入螺钉进行固位。再利用模板上的导筒引导骨钻进行精确钻孔,便于肿瘤部位的切除以及内固定的安装。

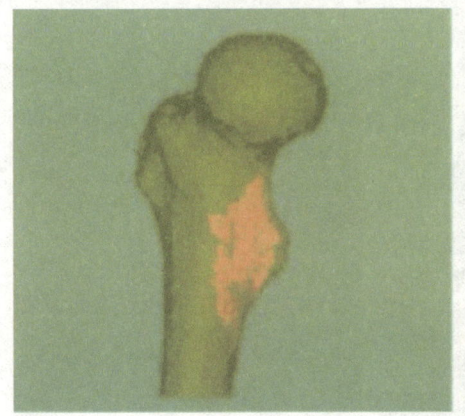 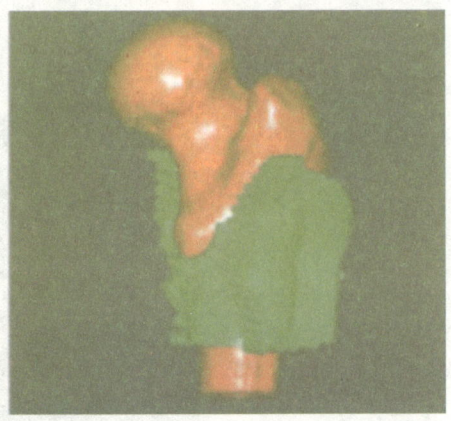

手术模板

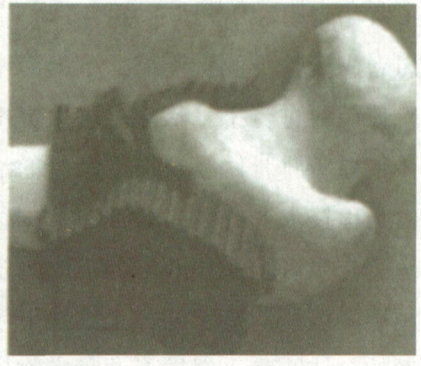

激光选区熔化个性化制造股骨上部肿瘤
切除手术模板案例(华南理工大学)

案例4：人工耳软骨支架

下图是清华大学与中国医学科学院北京整形医院合作,利用熔融沉积制造工艺加工用于治疗耳畸形的耳软骨支架。材料采用生物相容且不降解的聚氨酯,植入后的效果良好,与人的健侧耳朵形状完全一致。

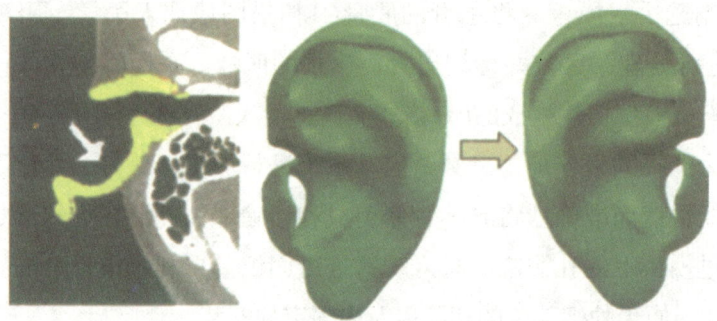

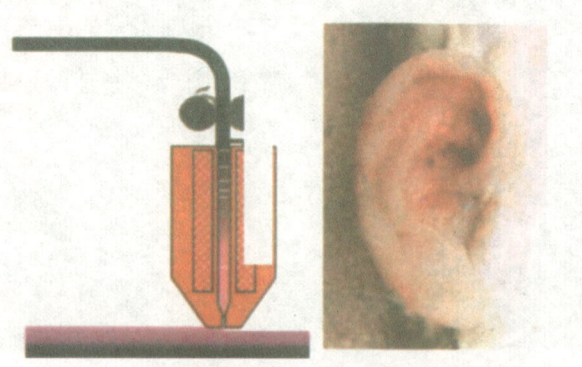

治疗耳畸形的耳软骨支架

案例5：钛合金人体植入体

人体关节、骨骼等因创伤、肿瘤切除、炎症等原因造成的骨缺损，往往需要定制人工关节、头盖骨、下颌骨等个性化植入体。为了使植入器件与周围的组织能够很好地结合，其表面往往希望是多孔的复杂结构，而内部却是致密的高强度结构。下图是瑞典Arcam公司利用电子束选区熔化工艺加工出多类型医疗植入器件。该技术能够将个性化和复杂结构完美结合，已开始应用到多种钛合金植入体的个性化定制中。

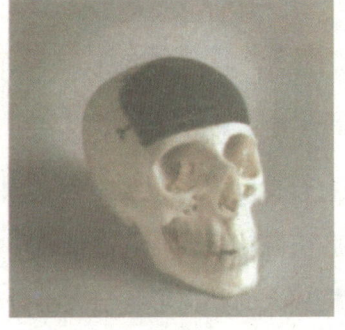

关节窝器件　　　　　　　　　　　　人工头盖骨实片

电子束选区熔化加工的钛合金植入体（瑞典Arcam公司）

案例6：定制化下颌骨修复造釉细胞引起的骨缺损

某位来自甘肃省的患者，男，30岁，开始时感觉下颌骨疼痛，误以为牙齿疾病，找了当地几家医院，未发现牙部有异常。后来到西安交通大学口腔医院颌面外科就诊，诊断为"造釉细胞瘤"。经过医院和制造技术专家的慎重考虑，决定为患者量身定做"定制化下颌骨替代物"。首先根据病人的CT数据来设计适合病人的下颌骨替代物，然后基于增材制造技术来精确制造，制造的定制化下颌骨替代物与病人匹配良好。手术过程异常顺利，比平常植入通用下颌骨重建钛板整整提早了两个小时。术后，恢复咀嚼功能，患者面部恢复正常形态，完全看不出手术痕迹。该病例被《文汇报》（2001年12月31日）和《健康报》（2002年1月10日）以题为《世界首例采用数字信息技术复制原型假体》进行报道，认为该成果"给口腔医学领域带来深刻变革"。

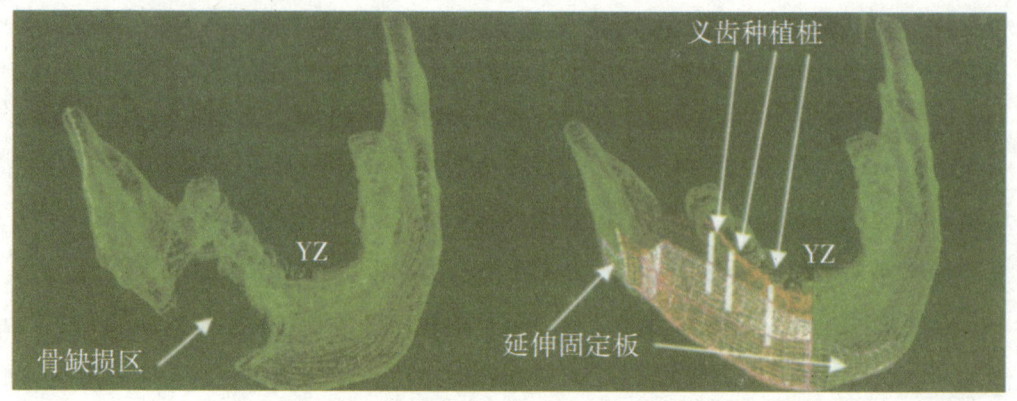

增材制造下颌骨替代物（西安交通大学）

案例7：定制化上颌骨替代物修复窦腺癌引起的骨缺损

某女性患者，30余岁。2年前因患有右上颌窦腺癌进行了肿瘤切除手术，伤口愈合良好，无肿瘤复发迹象，但面中1/3畸形及复视明显。后来到西安交通大学口腔医院就诊，要求进行畸形校正修复。利用西安交通大学开发的增材制造技术，根据病人的缺损形状与大小设计并制造了定制化人工钛上颌骨替代物。该替代物与病人的缺损区域配合得很好，手术植入过程顺利，术后颜面畸形基本上得以纠正，复视症状完全消失。数个月后，该患者竟然奇迹般地回到了讲台上。中央电视台科技频道对此进行了电视报道，引起口腔界广泛关注。

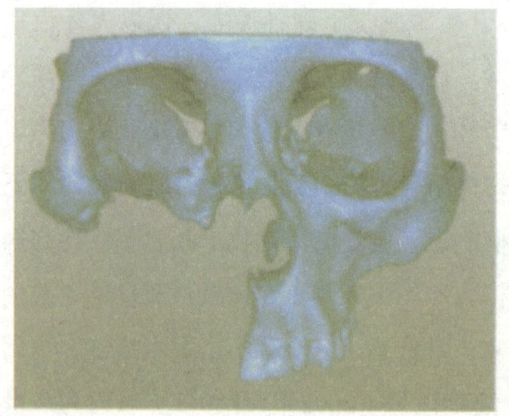 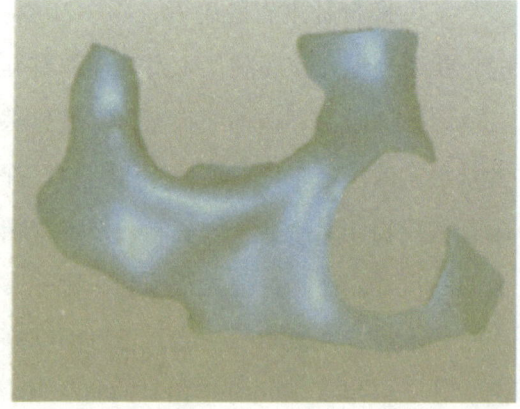

定制化骨替代物CAD设计

第五章 3D打印的典型案例

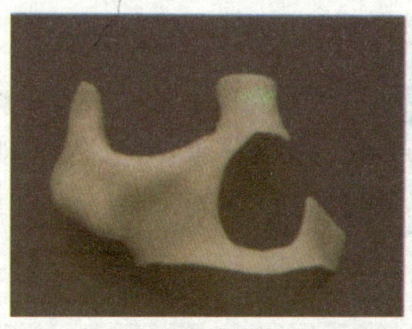
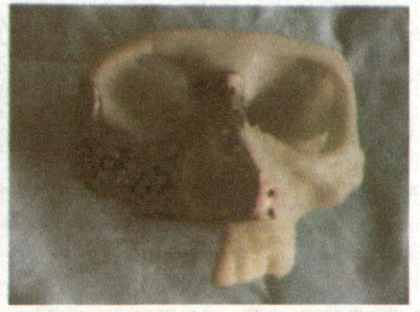

钛支架增材制造

面颊骨缺损修复用钛支架（西安交通大学）

案例8：定制化膝关节修复骨癌引起的股骨远端缺损

一个年龄仅14岁小男孩，于2001年3月开始出现右腿行走疼痛，膝部肿胀，局部发热，症状进行性加重。到第四军医大学西京医院骨科再诊查体：诊断为右股骨下段骨肉瘤术后复发。考虑到年轻患者的生长的需要，医院决定利用西安交通大学的增材制造技术为病人定制一个单侧膝关节替代物。手术一周后，病人已经可以缓慢行走，X光片复查显示人工膝关节植入位置准确，关节面与股骨远端及对侧胫骨平台完全匹配，关节间隙无明显改变，膝关节动度为10°~65°。手术12个月后，该患者的关节功能恢复良好。

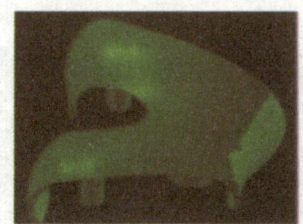
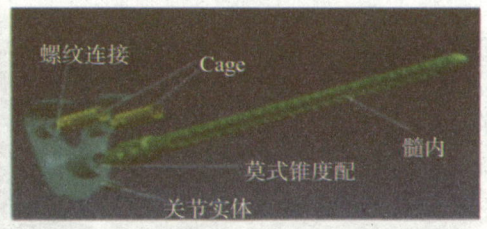

关节匹配化设计及装配

增材制造定制化关节

增材制造定制化半膝关节植入体（第四军医大学和西安交通大学）

案例9：定制化颅骨替代物修复颅骨缺损

有一位男性患者，因车祸导致颅骨缺损，到第四军医大学口腔医院就诊，植入基于数字化量身设计和增材制造的定制化颅骨修复钛板。术后患者形态美观，恢复良好，充分体现了通过增材制造技术在制造定制化骨替代物方面的优势。下图为相关CAD设计、替代物实物及手术效果。

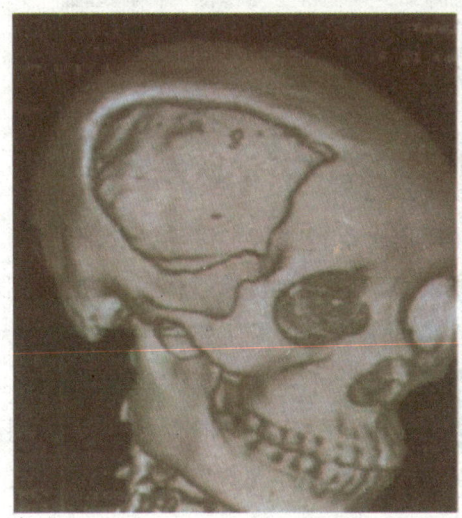
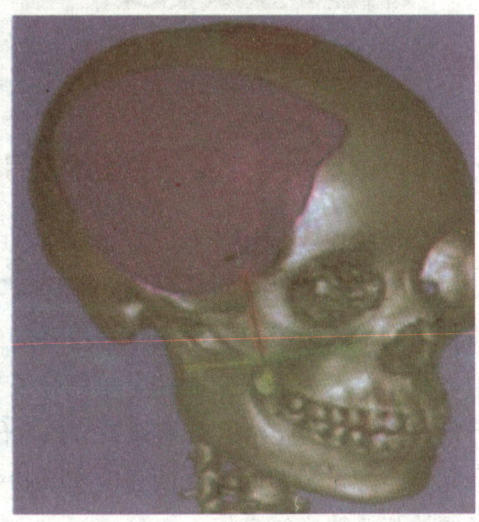

定制化修复体CAD原位设计

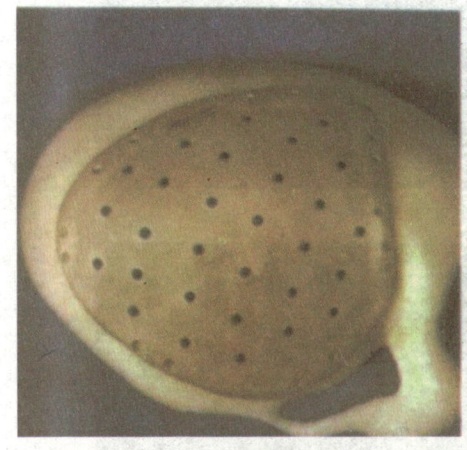
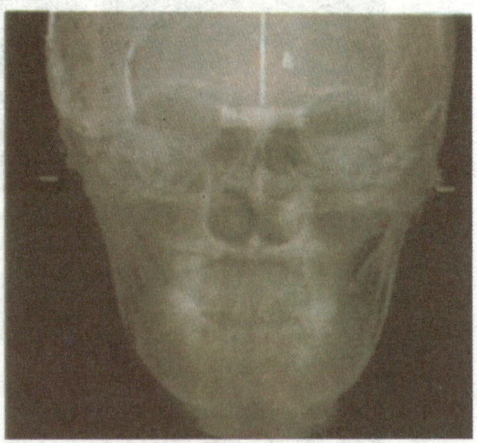

修复体　　　　　　　　　　X光检查

增材制造定制化颅骨修复体（第四军医大学和西安交通大学）

案例10：定制化下颌骨替代物修复下颌骨溶解

患者是一位男性少年，曾经活泼爱动的他，不知什么原因患上了一种奇怪的病，导致下颌骨不断地萎缩溶解，到最后成了一个"丢失下巴的少年"，到多家医院就诊都没有找到合适的治疗方法。到第四军医大学口腔医院就诊后，医生决定和西安交通大学共同制作了一种复合型定制化下颌骨替代物，由患者自身的腓骨和通过增材制造技术制造的两段定制化升支假体组成。手术后，面部形态恢复正常，少年恢复了自信。该病例成为我国第一例全下颌骨溶解修复病例，中央电视台对此病例进行了专门报道，题目就叫《丢失下巴的少年》。

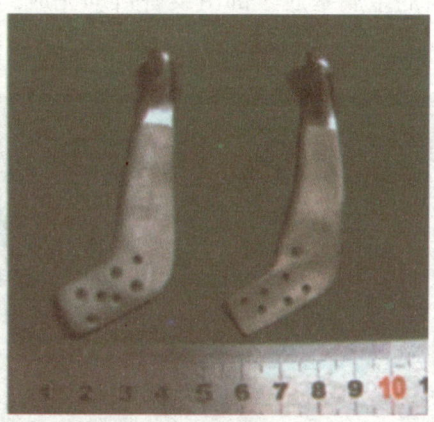

复合定制化植入体

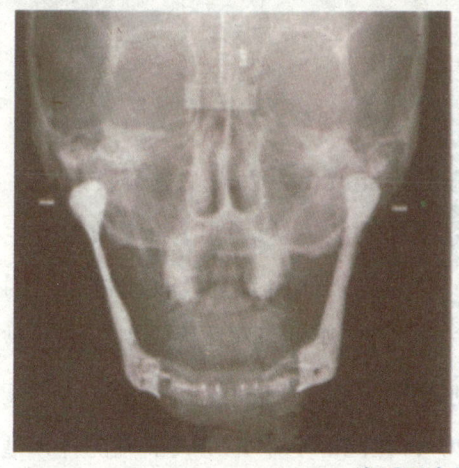
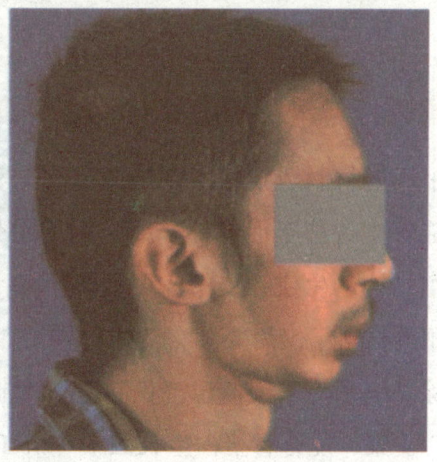

术后形态恢复良好

增材制造定制化下颚骨修复体（第四军医大学和西安交通大学）

案例11：个性化义齿3D打印

华中科技大学为一位70多岁的老人定做义齿修复体。其上颚右侧两颗牙齿坏死而需要佩戴人工义齿以达到恢复咀嚼功能的目的。传统制造工艺：医生取模—制模—蜡型—包埋—铸造—打磨—镀金—上瓷，从蜡型到铸造过程需要大量技术熟练的义齿技工才能完成，一般需要一周以上的时间才能完成，周期较长。应用激光选区熔化增材制造工艺：医生取模—制模—扫描并设计—激光选区熔化制造—打磨—上瓷。医生制模后，将模型数据远程发送给华中科技大学，对数据进行简单处理后花1~2小时即可制作完成，患者第二天即手术装上新牙。利用激光选区熔化增材制造义齿的金属基冠全部由设备自动完成，无须熟练技工，也为患者医治节省了大量时间。

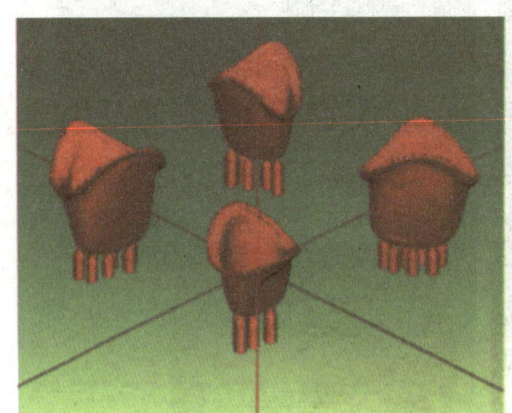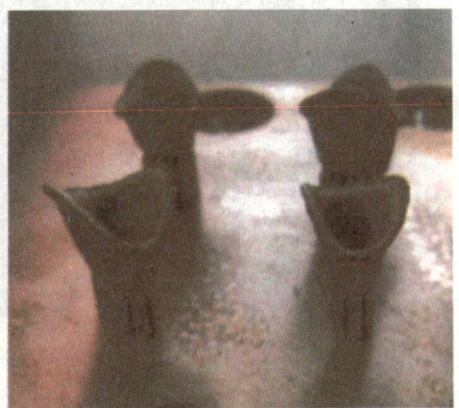

激光选区熔化"打印"义齿修复体（华中科技大学）

案例12：骨组织工程支架的制造

采用增材制造技术所制造的组织工程三维支架，不仅需要具有良好的生物相容性能够支持甚至促进种子细胞的增殖分化和功能表达，同时随着细胞的生长，新组织结构的生成，支架需要逐渐降解，并最终被体内完全吸收或排除。因此，所使用的材料不仅需要具有良好生物相容性，同日寸也要在体内自然降解并被吸收或排除。下图为采用低温沉积制造技术制造的具有复杂梯度结构的PLGA/TCP骨组织工程支架，复合骨蛋白生长因子（BMP），在国际上率先完成了兔桡骨15毫米节段性缺损及兔关节软骨缺损修复实验。修复后的骨组织具有与正常骨组织接近的性能。

第五章 3D打印的典型案例

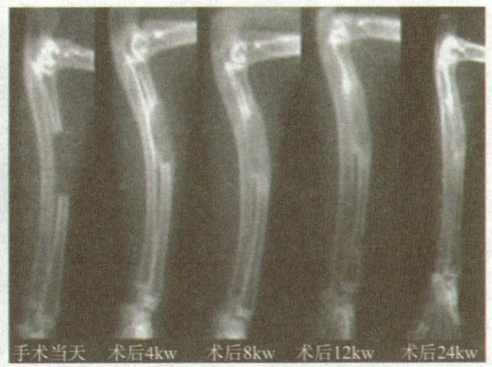

骨头支架模型　　　　　　　　植入兔桡骨缺损X光照片

增材制造具有复杂梯度结构的骨支架及兔桡骨缺损修复实验

案例13：生物活性人工软骨／骨支架制造

关节是人体的承载组织和运动器官，其病变和损伤直接影响人的运动，但关节软骨自身修复的能力（即再生能力）极差。一旦软骨受到损伤，就会出现如关节炎等疾病。运动时患者会感觉疼痛，甚至失去行走、蹲跪等运动能力。借助于增材制造技术，科研人员利用光固化增材制造技术已能制造出大块水凝胶关节软骨支架及软骨／骨复合支架。将软骨／骨复合支架植入有软骨大面积缺损的犬膝关节6个月后，发现关节支架上新生软骨与之结合紧密，形成类似于自然骨软骨的连接结构，新生软骨的弹性模量与透明软骨的弹性模量相匹配，初步实现了骨／软骨的功能化。

细胞组装机（右）及其打印的肝细胞结构体（左）

水凝胶软骨支架　　　　　　　软骨/骨支架

基于光固化增材制造工艺制造的生物活性/软骨支架（西安交通大学）

案例14：多分支、多层结构组织工程血管支架

血管支架的构建需要考虑尽可能采用仿生结构。血管本身应具有一定的强度、足够的使用寿命和较好的抗凝血性能，植入后能够保证血流通畅。最适于接受组织工程血管的患者包括：需要在动静脉间建立通路的血液透析患者；接受下肢旁路移植的患者以及没有可用血管的冠脉搭桥术患者。此外，肝、肾、脂肪组织等的增材制造，首要考虑的也是其分布式的血管网。2005年，美国细胞移植组织工程主席McAllister博士指出，用人自体细胞培养的组织工程血管可作为冠脉搭桥术患者的一种移植血管选择，并且进行了植入实验。上图是清华大学采用熔融—沉积成形技术制备的多分支、多层结构组织工程血管支架，如图所示，具有良好的力学性能。犬腹主动脉试验表明，增材制造的血管支架基本满足体内植入的要求。

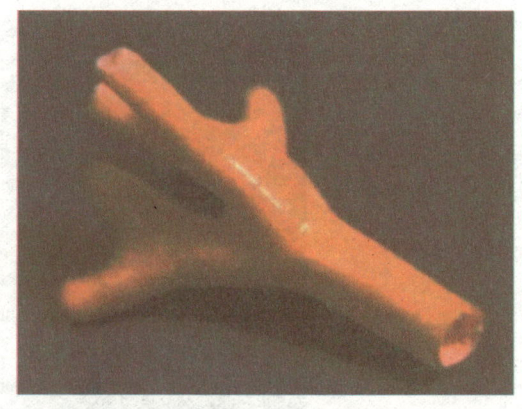

多分支、多层结构组织工程血管支架（清华大学）

案例15：仿生人工肝组织

中国有各种肝脏疾病（甲肝、乙肝等）患者约1.3亿人，其中慢性肝病患者约3 000万人。对于中晚期重型肝病患者，只有通过异体肝脏器官移植才能挽救患者生命。但是，通过捐赠获得的肝脏数量非常有限，有将近99%的患者在等待肝脏移植的过程中失去了生命。随着科学技术的进步，人们开始尝试通过工程的方法来制造可用于移植的活性人工肝脏，梦想能否像更换故障设备零件那样来更换病人的肝脏？增材制造技术能够像堆积木那样把复杂的立体结构层层叠加制造出来，这为在人工肝组织支架内部制造仿生的微管道网络提供了一种新途径。西安交通大学利用增材制造技术在人工肝组织支架内部制造仿生微管道网络方面开展了大量的研究工作。首先分析自然肝脏的血管网络的结构与尺寸，然后根据这些参数来设计人工肝组织支架内部的微管道系统，最后利用所开发的工艺方法与自动化打印／压印装备制造出仿生的人工肝组织支架，用于构建大尺寸人工活性肝组织研究。目前正在尝试将人工肝组织支架的微管道系统生长成血管，然后将其系统与动物的血管系统相连接，为最终替代动物肝脏做准备。左下图为根据自然肝脏血管网络设计与制造的仿生肝组织支架微管道，右下图为血管及肝组织在仿生支架微结构内的生长情况。

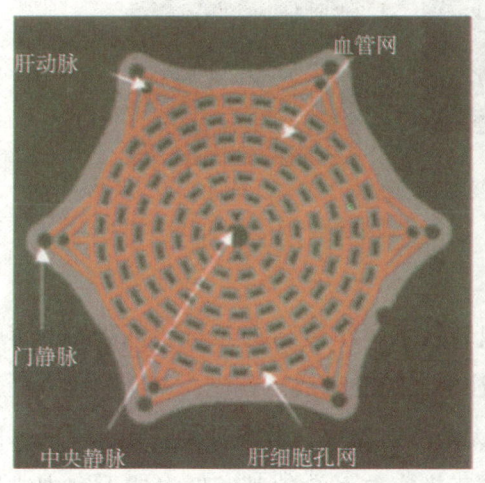
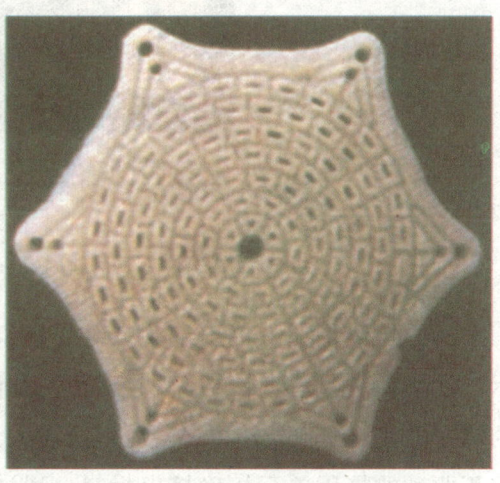

人工肝组织支架微管道系统仿生设计与增材制造（西安交通大学）

案例16：组织工程梯度骨/软骨支架的构建

将体内生物环境作为支架设计的重要参考依据，采用"功能区域—界面隔离层—单一细胞"的组织工程骨软骨构建技术路线。选用PLGA、TCP和胶原作为支架材料，并对各功能区域及过渡区域的材料组分和孔隙结构进行设计。它是结合增材制造、相分离和致孔剂浸出法的复合喷射低温制造（MSLM）工艺。采用容积驱动喷头，对材料要求低，破坏作用小，并采用压力自释放柔性控制方案解决其流涎问题。在计算机中设计出孔隙结构的尺寸分布和孔隙率适宜的结构，并通过工艺参数控制实现，满足梯度组织工程支架设计和制造的要求。对所制造支架的物理性能和生物学性能进行测试，表明所制备的梯度骨软骨支架同时具有较好的力学性能、亲水性能和生物相容性。将其植入深达骨髓腔的兔关节软骨及下骨复合缺损部位，24周后结果表明，该支架能够有效地修复兔关节骨——软骨复合缺损。

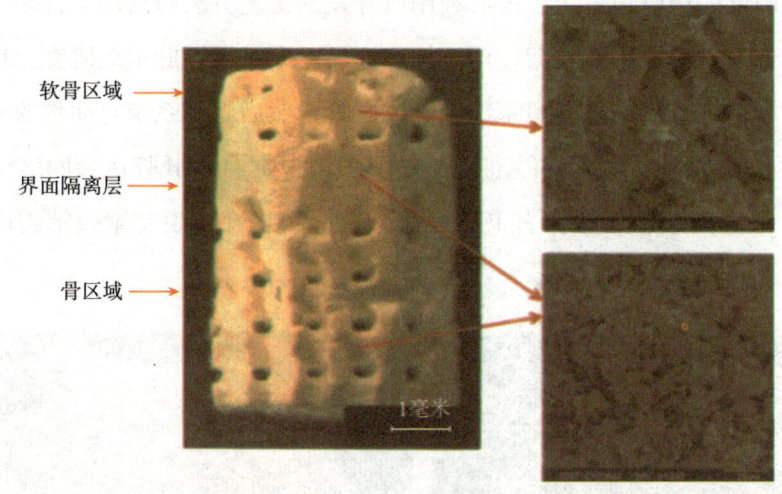

增材制造的梯度骨软骨支架及其微观结构（清华大学）

案例17：细胞三维受控组装

2003年清华大学提出细胞三维受控组装技术，组装结构与组装机器如下图所示。硬件系统由运动平台、温控成形室和注射器喷头构成。首先，基于溶胶—凝胶的转变机理，细胞与热可逆凝胶混合装入无菌注射器中，低温预凝胶化；然后，以容积驱动的挤压单元精确挤出材料，通过三维定位系统使其在低温成形室中成形复杂结构；层层叠加最终构建含有活细胞的三维结构体。基于此技术，一系列水凝胶材料与各种类型的细胞混合，被组装成各种形状的三维结构，并可保证90%以上的细胞存活率。在8周的体外培养过程中，肝细胞在结构体中形态良好，可继续增殖，分泌白蛋白及其他分泌物。

案例18：多细胞组装的实现

清华大学开发的多细胞组装机。该系统包括以下部分：①基于步进电机—螺杆—滑块驱动、以医用注射器和不锈钢注射针构成的挤出成形喷头单元，可以满足含细胞的高黏态明胶基材料的离散使能操作；②侧壁制冷方式的制冷模块的设计，可满足明胶基材料低温凝胶化所需的稳定低温环境；以紫外灭菌和大表面光壁结构为特征的无菌模块，可实现成形过程的无菌环境；③构建多喷头单元，对其中的切换控制以及非均质离散分布与连续分布的成形控制进行设计，方法简单，可满足相应特点的多种细胞的非均质分布结构体的组装成形；④构建混料喷头单元，对混料过程进行数学分析，并对混料腔结构进行了优化设计，对可能产生的混料响应延迟，提出了预挤压的补偿控制方法，可实现良好的实时混料成形；⑤实现对硬件系统直接驱动的造型软件MCA，并针对不同的喷头单元，开发了相应的控制版本。

三维细胞受控组装（清华大学）

案例19：细胞喷印技术

2003年，细胞喷印技术由美国Clemson大学和Carolina大学提出，该技术改进了商用喷墨打印机，使其能喷射生物分子、分子聚合物、细胞及单细胞生物。如下图所示先将细胞喷射在一层热可逆凝胶上，然后再覆盖一层新的凝胶并使之固化。重复以上操作，最终能得到含有细胞的三维水凝胶结构。通过控制合理的最小凝胶层厚度，层与层之间的细胞能够互相连接，形成融合的群体。之后他们又进一步发展了此技术，用来成形细胞团簇，将尺寸相近的制成微球状的细胞团簇成形在生物相容性的凝胶上。使用该技术将中国仓鼠卵巢细胞CHO及胚胎运动神经细胞顺序成形于琼脂和胶原凝胶上，打印过程中只有不到8%的细胞被破坏掉。

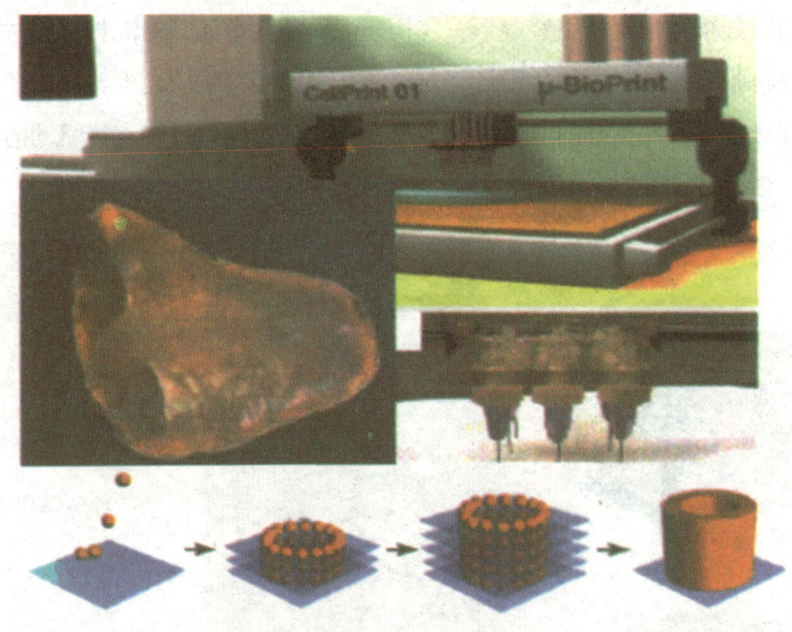

细胞喷印技术（美国Clemcm大学）

案例20：三维生物组装技术

该技术由美国Arizona大学2004年开发，装备如下图所示。系统包括一个X-Y坐标定位系统及平台，一系列Z方向的材料沉积喷头（现有数目为4个，每一个配有专门控制摄像头），一个光纤源（照明成形部位，并促使光固化多聚物成形）。每个喷头有独立的铁电加热温控，成形平台有水套温度控制。另外，还有一个压电雾化喷头。人工纤维细胞混合于聚环氧乙烷／聚环氧丙烷中，由喷头挤出成形，可达到约60%的细胞存活率。胎牛大动脉内皮细胞BAECs悬浮于可溶性I型胶原中，经过25号针头挤出，成形于亲水的对苯二酸聚乙烯平台上，约86%的细胞仍然存活，体外培养35天后，结构体仍然具有活性，并保持原有形态。

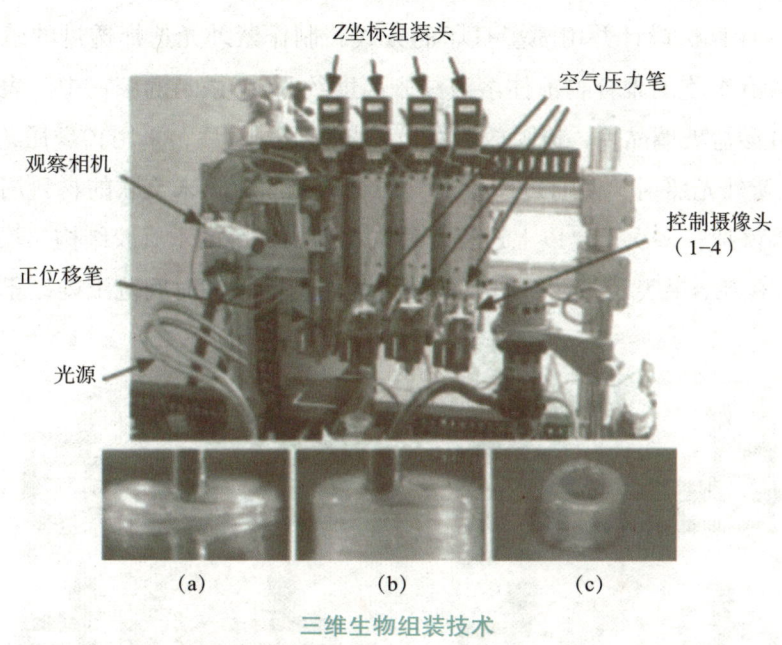

三维生物组装技术

案例21：细胞激光引导直写组装

激光引导直写技术是1999年由Minnesota大学提出，采用光压力推动并沉积细胞，以实现细胞的高精度空间定位，如下图所示。该技术沉积的细胞仍有活性，保持正常形态，黏附并分泌代谢产物。基于该技术，胚鸡脊细胞在培养液中被引导，并沉积于玻璃表面，形成设计的团簇。人脐静脉内皮细胞在凝胶基质上成形为血管状结构，与肝细胞的共培养之后，形成集聚的类似于肝血窦样的管道结构。该技术能以微米级别的精度沉积细胞，是目前最好的可操作单个细胞的方法。

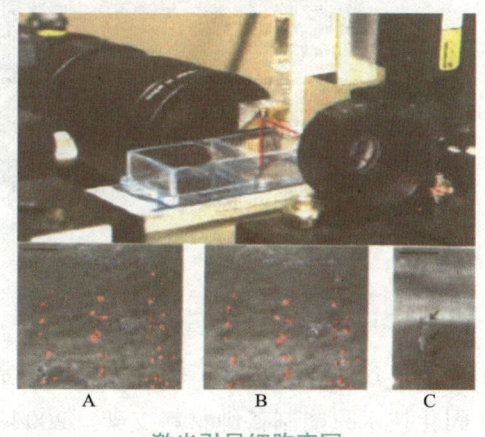

激光引导细胞直写

案例22：细胞光绘图三维组装

2000年，美国加州大学San Diego分校采用光绘图实现细胞间接组装，尝试将活细胞结合成形过程，并开发了一套针对PEGDA材料的光固化绘图装置，如下图所示。首先，计算机设计并由喷墨打印的方式，制作紫外光选择透过的感光胶片掩膜；并将含有细胞的聚合物前体溶液注入高度约为100微米的腔室中，表面是预处理的2-硼硅酸盐玻璃晶片，掩膜放置在玻璃晶片上；然后，采用10毫瓦／平方厘米的365纳米紫外光照射，使通过掩模部分的材料光固化，未交联的材料用HEPES缓冲盐溶液清洗掉；多次重复以上过程，最终构造出三维的水凝胶结构，尺寸特征约100微米。鉴定结果表明，在所研究的紫外光照射剂量和时间范围内，不会造成细胞死亡。

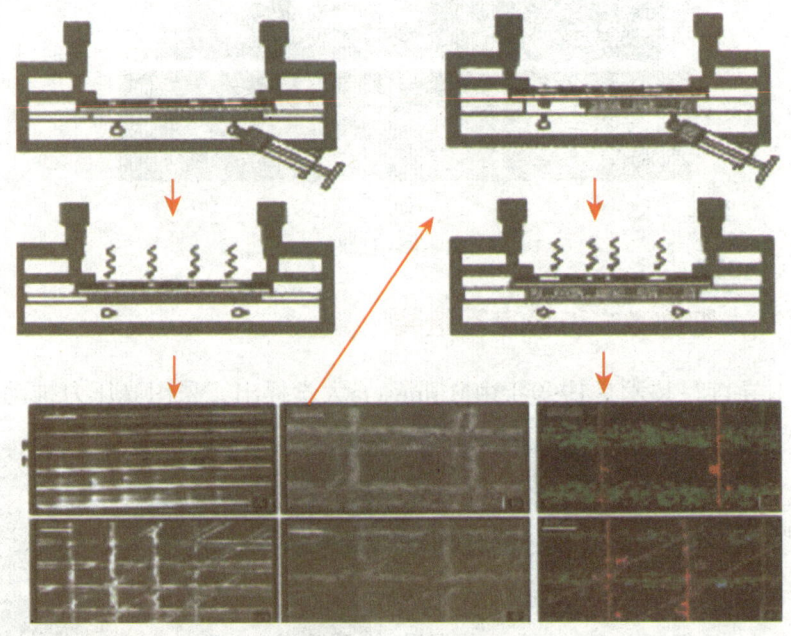

三维细胞光绘图

案例23：立体光固化细胞打印

由于有毒性的光固化材料及有害的紫外照射，影响到细胞的存活，因此传统的光固化技术只能制备纯材料支架。2004年，美国Clemson大学尝试利用光固化工艺成形活细胞，工艺过程如下图所示。研究中将中国仓鼠卵巢细胞悬浮于可光固化的水凝胶中（PEO/PEG），应用商用光固化设备成形了三维支架，其弹性与软组织较为匹配。但成形后只有约25%的细胞存活率，还有较大提升空间。

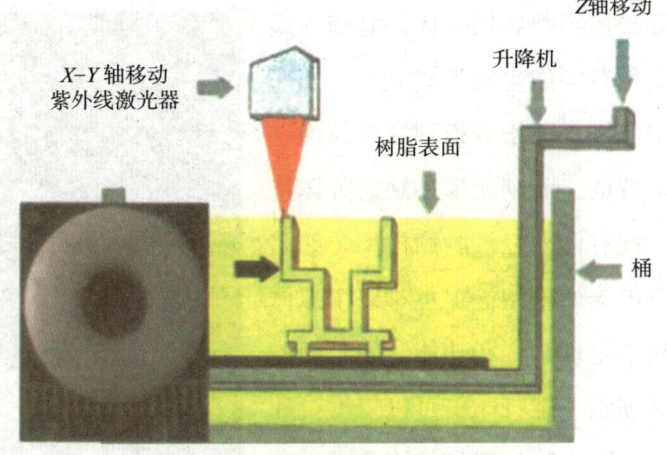

光固化细胞打印

案例24：静电驱动增材制造细胞微球

清华大学采用静电驱动方法制造含细胞的微球。在一个微球中囊括几个细胞，并且能够存活在适宜的细胞外基质环境中。自行开发的非接触式高压静电微球发生器能提供很好的无菌操作环境，操作简便，稳定性好，可通过多个参数方便地调控粒径范围，制备出形状圆润完整、表面光滑的微球。利用该技术构建出的空间共培养结构可有效解决内皮细胞与脂肪细胞的共培养问题，在空间隔离条件下保持细胞间信号传递。基于微球共培养技术构建的脂肪组织的结构体是对天然脂肪组织的高度仿生，能通过注射移植，在体内改建发育成为体积稳定的血管化脂肪再生／新生组织与天然组织的生化特征类似。

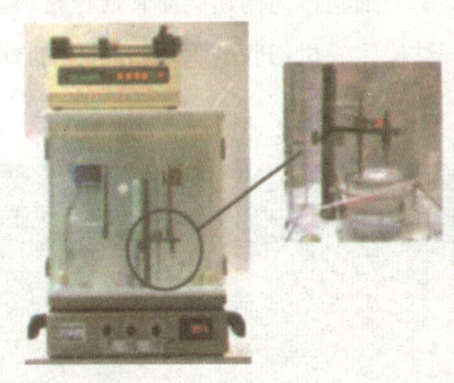

装置

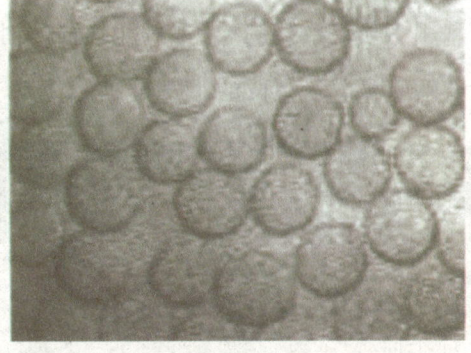

成形的规律

静电驱动增材制造细胞微球

案例25：癌细胞三维结构体的3D受控组装

癌细胞三维受控组装应用于体外肿瘤模型的制造上，可应用在肿瘤生物学研究和抗癌药物筛分中。传统二维平面培养模型缺乏体内三维细胞微环境的特征，而动物模型缺乏人体特异的响应能力。现有体外三维肿瘤模型（如多细胞球状体和三维支架模型等）也难以模拟体内真实肿瘤的复杂生理结构和功能。细胞受控组装技术（又称细胞三维打印）可以根据设计的结构，可控地组装生物材料和细胞单元，高效地构建大尺寸非均质（多细胞）体外仿生结构体。有能力构建更为仿真的三维体外肿瘤模型。下图为清华大学研制的多细胞组装机及打印的癌细胞三维结构体。

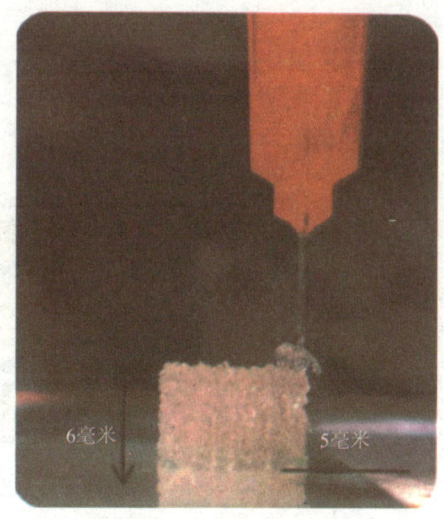

打印的癌细胞三维结构体

案例28：含管网的类肝结构体的增材制造

肝脏的血管网络十分丰富，以满足人体营养代谢、物质合成、解毒等生理功能。肝组织是由内皮细胞构建的血管通道，以及管道之间的肝细胞和细胞外的基质材料构成。肝脏多种复杂的代谢功能主要是由肝细胞完成的。构建含管道系统模拟肝脏的结构体，对于多细胞受控组装技术的生物学评价以及模拟构建其他内脏器官具有重要意义和借鉴价值。清华大学选择脂肪干细胞作为构建类血管通道材料。下图是采用多喷头系统构建的含管网通道类肝结构体，包括肝细胞与脂肪干细胞两种成分非均质离散分布特征。

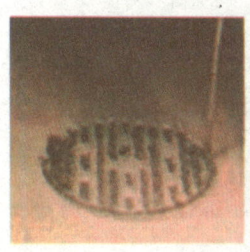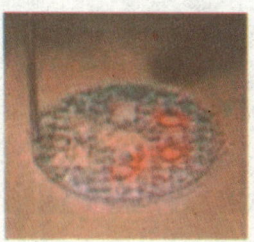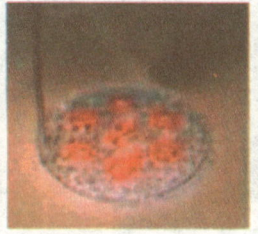

含管网通道类肝结构体

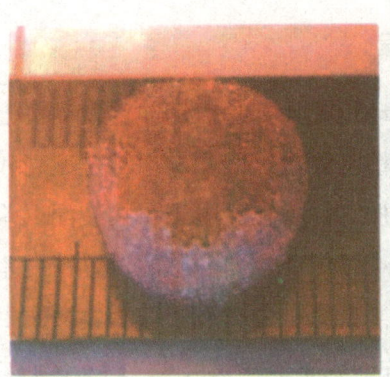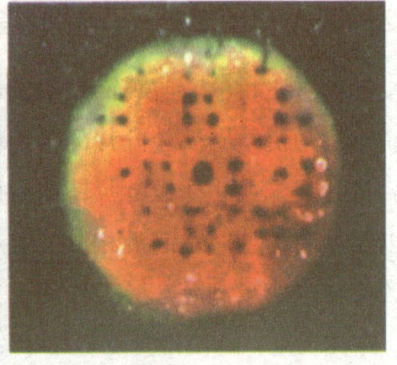

用于静态培养胡含管道类肝结构体
（有色管道区域为脂肪干细胞，白色透明区域为肝细胞）

第九节　其他案例

案例1：飞行器风洞模型

飞机风洞模型是飞机研制中必不可少的重要环节，飞机风洞模型的加工质量、周期和成本影响了飞机研制的效率。目前采用传统数控加工的方法制造风洞模型，存在着加工周期长、成本高，而且复杂外形和结构难以加工的缺陷，光固化快速成型具有制造复杂外形和结构的优势，可以为飞机风洞模型提供一种新的制造方法。图为西安交通大学采用光固化快速成形技术制作的树脂—金属复合飞机风洞模型和机翼颤振实验模型。通过该技术可以方便地优化模型的骨架、质心、组件和操纵面结构，减少模型组装环节和零部件数量，保证模型的连接强度和偏转角度要求，满足低速风洞的试验要求。与金属模型相比，光固化模型的制造周期缩短85%～90%，成本降低45%～55%。

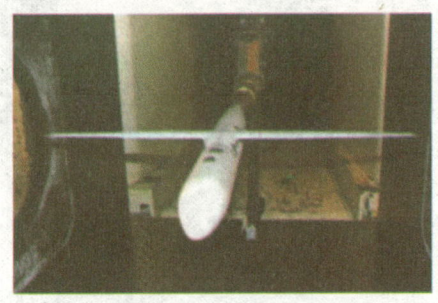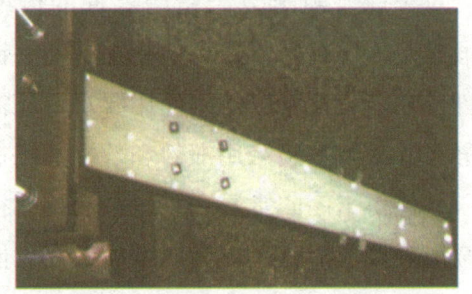

飞机风向模型（西安交通大学）　　　机翼颤振实验模型（西安交通大学）

案例2：型壳和型芯的一体化制造

航空发动机是飞机的心脏，而航空发动机叶片则是保证航空发动机推力的关键零件。在航空发动机空心涡轮叶片的传统精密铸造过程中，通常是型壳和型芯分别制造，然后将其装配成一体，叶片铸造后加工气膜孔。由于存在装配误差，使得型壳与型芯以及型芯与型芯之间的相对位置难以保证，即型芯的位置精度差。同时，装配间隙的存在也使得型芯在外力作用下（自重、金属液的冲击）易发生偏移，而产生偏芯、穿孔现象，这使得复杂空心叶片的成品率一般较低。西安交通大学提出了空心涡轮叶片的整体式陶瓷铸型制造方法，该方法特点如下：涡轮原型采用光固化成形，然后通过陶瓷浆料一次贯注成形，可消除由装配所引起的装配误差和型芯偏移，从而降低偏芯、穿孔等缺陷，工艺过程简化。整体式陶瓷铸型具有成形复杂结构的内部冷却通道能力，可解决复杂结构冷却通道涡轮叶片的制造难题。采用该方法，西安交通大学成功制造了某种型号航空发动机空心涡轮叶片样件。

 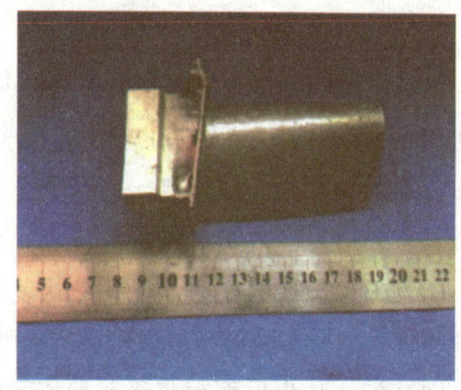

某种型号航空空心涡轮叶片样件（西安交通大学）

案例3：精密复杂零件的金属直接成形

对于航空航天复杂精密零件的传统制造方法通常是采用精密铸造，但是在有些关键部位，铸件的性能往往难以达到使用要求，还需进行热等静压，或者直接采用锻件和数控加工进行"整扣"，使得工序非常复杂，材料利用率很低。采用金属直接成形已经成为航空航天高性能复杂精密金属零件的一条重要途径。下图为美国Morris公

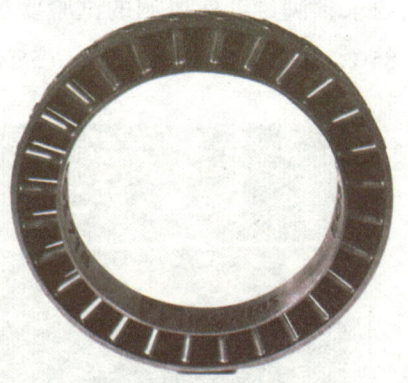

激光选区熔化制造的整体叶环
（美国Marria公司）

司采用激光选取熔化工艺成形的整体叶环样件。

案例4：高温合金空心涡轮叶片的激光近净成形

空心涡轮叶片由于工作温度高、服役环境应力复杂、环境恶劣，被列为高性能航空发动机热端部件的重要核心零件。空心涡轮叶片传统的制造方法是采用精密铸造，加工工序比较复杂，从图纸到成品，一般都要经过40～60道工序，导致成品率较低。而如果采用激光近净成形直接制造涡轮叶片，成品率将可产生较大提升，同时相比铸造叶片，零件的性能也将得到较大改善。下图显示了西安交通大学采用激光近净成形技术成形的高温合金空心叶片模型和样件，成形件的表面粗糙度Ra可达12.5～25微米。

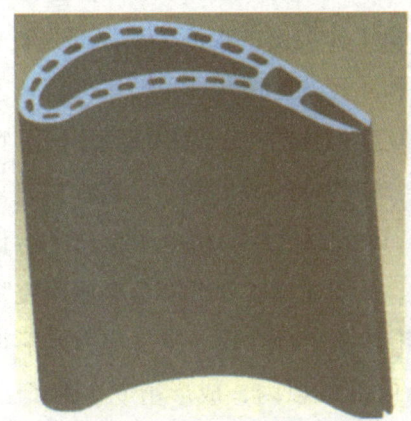

空心涡轮叶片三维模型及高温合金空心涡轮叶片样件（西安交通大学）

案例5：钛合金航天飞行器舵的激光近净成形

航天飞行器舵对飞行器的飞行控制和飞行性能具有重要的影响。这一类飞行器舵的内部通常具有复杂的支架结构，传统制造方法很难整体制造，通常采用分解制造，先制造内部支架结构，然后再用铆接、焊接、螺栓连接等方法，将蒙皮及其他部件固定在支架上，以实现最终零件的制造。这种方法往往造成零件的严重超重，影响飞行器的飞行性能。采用激光近净成形技术，可以方便地进行支架和蒙皮整体化制造，实现零件的高强度、高刚度和轻重量设计制造，提升飞行器性能。右图显示了西北工业大学采用激光近净成形一体化制造的航天飞行器舵。

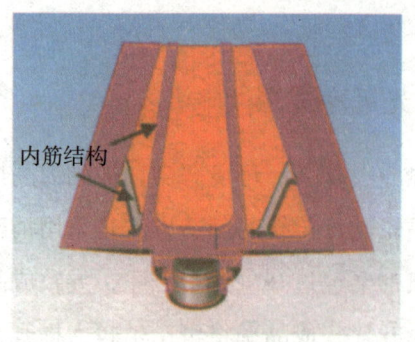

航天飞行器舵的激光近净成形一体化制造样件（西北工业大学）

案例6：复杂结构钛合金零件的电子束选区熔化制备

随着航空航天发动机整体性能的提高，使得对高性能关键结构件整体化和轻量化制造的需求日益迫切，特别是随着发动机工作温度的提高，高温高强TiAl金属间化合物的应用逐渐增加。除了激光近成形和激光选区熔化成形技术外，电子束选区熔化成形技术也已经成为航空发动机热端复杂构件的一条重要成型手段。特别是这项技术尤其适用于高温高强硬脆金属间化合物构件的成形制造，这种材料采用常规手段极难进行复杂构件的成形。意大利AVIO公司已经采用电子束选区熔化成形技术成功制造了TiAl喷嘴、空心叶片等构件。下图显示了西北有色金属研究院采用电子束选区熔化成形+伴随退火工艺制备涡轮盘及闭合叶轮。零件应力变形得到很好的控制，无裂纹缺陷，残余应力水平在±90兆帕以内，成形精度达到了±0.3毫米。采用这项技术成形的具有细小团簇全片层组织的TiAl金属间化合物叶片样件。其强度在560兆帕左右，塑性在1.7%左右，性能与锻造组织相当。

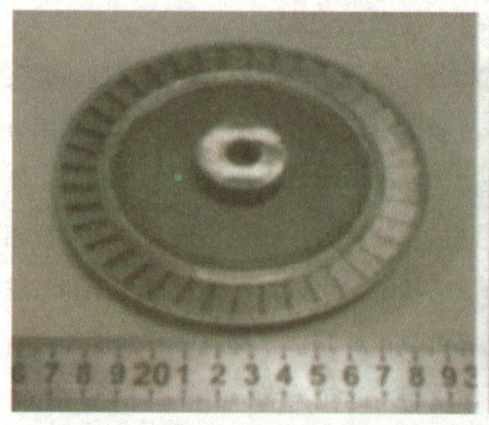

电子束选区熔化成形钛合金涡轮盘及闭合叶轮样件（西北有色金属研究院）

案例7：复杂微通道结构件的扩散焊分层实体成形

航空航天动力系统许多地方复杂微通道结构件由于通道尺寸细小，有些可达微米或亚微米级，同时通道排布复杂，通道内表面要求高，采用传统方法极难加工，扩散焊分层实体成形为这种复杂结构件的制造拓展了一条重要途径。左下图显示了采用扩散焊分层实体成形的发汗头锥。该零件由200层0.015毫米厚不锈钢薄片制成，实现冷却所需的复杂内部流道。该部件使用冷却剂完成良好的热保护功能。在使用过程中，冷却剂通过基体进入头锥，由内部通道完成对流动分布的有效控制，并保证流动不受头锥表面热量的影响。然后，冷却剂进入到分布通道，最终在头锥表面，冷却剂被喷射到层流边缘。该部件的关键在于内部流道的精密控制与制造。采用扩散焊分层实体成形技术实现了该高性能部件内部流道的精密控制与直接制造。

右下图显示了西北工业大学采用扩散焊分层实体成形技术制造的层板喷注器和航天用铝合金叶轮。其中，层板喷注器可以实现多组燃烧剂与氧化剂的三维空间位置的汇聚，完成相关部件的点燃过程。铝合金叶轮可实现复杂三维曲面结构叶片和轮体的一体化成形，并满足加工精度、耐腐蚀、耐冲击等一系列性能要求。

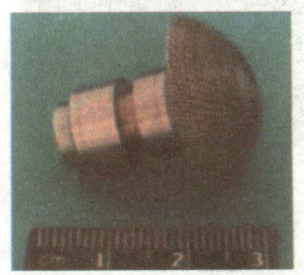

DB-LOM制发汗头锥（图片引自2006年美国第42届AIAA/ASMESAE.ASEE会议）

层板喷注器和航天用铝合金叶轮样件（西北工业大学）

案例8：航空航天大型整体金属结构件激光近净成形

为了提升航空航天飞行器的性能，目前航空航天领域越来越多地采用了大型整体金属结构——整体毛坯件和整体薄壁结构件等，例如，窗框、翼肋、球面框，接头，整体吊挂壁板以及大梁、桁架、龙骨、起落架等。这些大型整体金属结构件通常外形复杂，同时对力学性能也要求很高，导致采用传统加工制造技术进行制备成形困难。而采用激光近净成形技术则是解决这些问题的一个重要途径。下图显示了美国AeroMet公司采用激光近净成形技术制造的一些飞机和导弹零件。图（a）为F／A—18 E/F战斗机的全尺寸机翼部件测试件。图（b）为F／A-18 E/F战机的翼根吊环,为飞机关键零件,尺寸为900毫米×300毫米×150毫米,疲劳寿命可达到规定要求的4倍,静力加载到225%未发生破坏。预计将激光成形的钛合金构件用于400架飞机上大约可节省5 000。万美元。图(c)为铼合金导弹转向控制推进器喷嘴。导弹的转向控制推进器的工作环境温度可达1 200～2 760摄氏度,只有用金属铼制造的构件可以在这种条件下正常工作,而铼采用传统手段难于加工,而复杂结构的成形则更为困难。

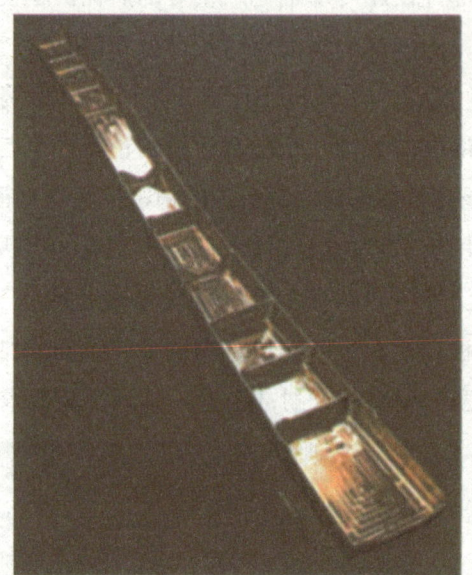
(a)F/A—18 E/F战斗机的全尺寸机翼部件测试件

(b)F/A–18 E/F战机的翼根吊环

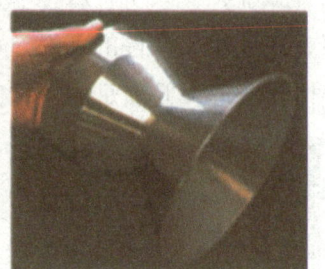
(c)铼合金导弹转向控制推进器喷嘴

案例9:金属结构件的激光成形修复

激光近净成形过程所采用的同步送粉增材制造思想赋予了这项技术的高度柔性化特点,这一特点使得该技术可以应用于误加工损伤零件或服役损伤零件的成形修复,这也是激光近净成形技术的另一个具有很大发展潜力的重要应用领域。零件的修复包括几何性能(几何形状、尺寸精度)和力学性能(强度、塑性)恢复,激光成形修复后经少量的后续加工,即可使零件达到使用要求,从而实现零部件的高效率、低成本再生制造。美国AeroMet公司采用激光成形再制造技术使F15战斗机中机翼梁的检修周期缩短到1周,而零件寿命达到了原来的5倍,并为此获得了美国2003年国防制造技术成就奖。左下图美国Optomec公司采用激光近净成形技术修复后的发动机壳体。

西北工业大学采用激光成形修复技术修复的损伤高温合金、钛合金零件,见右下图。在保证激光修复区与基体形成致密冶金结合的基础上,通过对零件在修复中的局部应力及变形控制,实现了零件几何性能和力学性能的良好恢复。

发动机壳体激光成形修复体(美国公司)

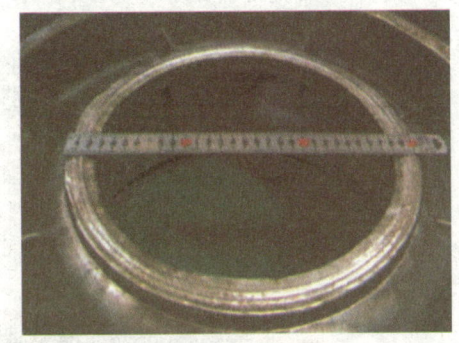
激光成形修复的钛合金机匣(西北工业大学)

案例10:汽车整车车身开发

增材制造技术目前在国际大型汽车企业的整车研发过程中已经成为一个重要的技术手段。陕西恒通智能机器有限公司为东风汽车公司提供整车的车身快速制造技术服务。首先针对某款纯电动轿车的车身通过反求工程逆向进行车身三维坐标点数据的采集,三维曲面重构,最后完成整车车身的CAD模型构建,并使用光固化技术进行快速开发,见左下图所示,提高了该车的设计及研发速度。该车的空间舒适性曾在国家领导人视察东风汽车公司时受到称赞。

西安交通大学针对北汽福田汽车股份有限公司某款城市越野车的车身及综合检具,采用光固化技术进行了车身的快速制备和综合检具的快速开发,将该车车身的试制周期缩短到一个半月,相对以前的6个月有大幅度缩短。

汽车整车车身开发(陕西恒通智能机器有限公司)

某款城市越野车的车身及综合检具(西安交通大学)

案例11：汽车发动机及关键零部件

下图是西安交通大学针对苏州某企业多款车型的整车及仪表盘、前后保险杠、发动机壳体等关键部件的快速研发，采用光固化技术制造的相关部件。

整车及仪表盘、前后保险杠、发动机壳体的快速制造（西安交通大学）

案例12：发动机复杂铸型的激光选区烧结制备

增材制造技术制作一些任务急、时间紧的单件小批量铸造用熔模，相比传统制作工艺（主要指模具注射成形）生产周期可减少60%。同时，整个过程无须模具，节省大量费用。对于一些特别复杂的结构，传统工艺需分体制作然后拼接，不仅工艺烦琐，而且精度难以保证。增材制造技术可以整体制作复杂熔模，同时保证精度。下图是华中科技大学采用激光选区烧结工艺制作的汽车类铸造用熔模及精密铸造零件。

华中科技大学为某柴油发动机企业整体制造的六缸发动机缸盖水套砂芯（外形尺寸为1 100毫米×400毫米×283毫米，壁厚最薄5毫米）。采用传统的砂型铸造试制方法，仅工装模具的设计制造周期通常需要5个月左右，不仅周期长，而且费用高达150万～200万元；加上其他开发过程，整个试制过程周期漫长、严重制约了发动机的开发进程。采用了激光选区烧结技术一个星期左右成形出了整套砂芯，砂芯强度好、精度满足要求，组装合箱后进行浇注，获得合格缸盖铸件。

激光选区烧结的摩托车零部件原型
（华中科技大学）

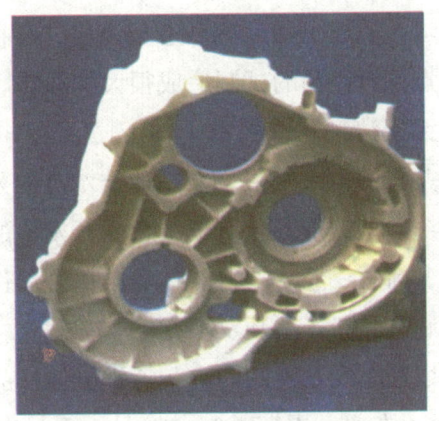

激光选区烧结的汽车零部件原型
（华中科技大学）

案例13：汽车多组件整体制造

目前，汽车约由3万个部件组成，传统方法是分别加工出各个零件，然后通过螺丝或者焊接等方法，将所有零件组装成一辆汽车。从理论上讲，零件越多越不安全。在日常使用中，一辆汽车最容易出现问题的地方往往是连接部位。激光选区熔化技术可以将原来难以整体加工的多个零部件集合成一个整体制造出来，减少零部件数量。这不但大大简化了装配工作，提高生产效率，也使其安全性和可靠性随之提高。下图分别是激光选区熔化工艺生产的汽车部件。

钛合金汽车部件（引自MCP）

车轮悬架（引自EOS）

案例14：汽车发动机复杂铸件的无模制造

发动机作为汽车的"心脏"，它的研发是一个系统工程，但主要瓶颈在于复杂铸件（例如缸体缸盖、进排气管、壳体支架等）的制造。传统方法就是开模具（木模或者金属模）然后翻砂造型浇注，存在周期长、成本高、风险大、多次试模修模等弱点，对产品的试制造成很大的影响。

无模铸型制造技术（Patternless Casting Manufacturing，PCM）由清华大学提出，并在佛山市峰华卓立制造技术有限公司实现了产业化。PCM是将快速成形技术与传统砂型铸造工艺有机结合而开发出的一种数字化制造的综合技术。具有快速、精确、高效、经济的特点，非常适合单件、小批量、个性化、形状复杂金属零件的快速制造和新产品开发。

以汽车发动机的四缸灰铸铁缸体样品制造为例，用传统模具铸造方法，费用在100万元左右，周期需2～3个月，而且需要修补3～4次才能达到要求。采用PCM技术后，仅用1个多月就制作了3个合格的缸体铸件交给客户用于测试。

四缸汽车发动机缸体计算机三维模型
（清华大学）

浇注得到的四缸汽车发动机缸体铸件
（清华大学）

案例15：家电模型或零部件

增材制造技术在家电行业中已经得到了广泛的应用，陕西恒通智能机器有限公司已经为包括方太厨具先锋电器、新海电器、公牛集团浙江正泰、慈溪金日电子等众多家电生产厂商提供了光固化技术服务，为这些家电企业提供了新的制造方法、制作工艺，尤其是小批量、定制化的产品，开发周期与传统制造相比缩短1/10～1/3，制作费用比传统方法节约30%～50%，为企业升级转型、提升竞争力提供了有力的支撑。同时，由于家电行业产品更新速度较快，增材制造技术为家电行业提供了新产品定型及检测的新方法，通过增材制造技术能迅速缩短产品的研发周期，使企业在瞬息万变的行业中占领市场。左下图显示了采用光固化制造的家电产品塑料壳体。

热管是电子产品中重要的散热部件，其工作原理是依靠自身内部工作液体相变来实现传热的元件，由于制造工艺水平的限制，传统热管产品均为长管状，热传导发生在二维尺度，扩散焊分层实体成形技术的引入彻底改变了热管的生产方式，并提高了产品的能效，使得平板热管的制造成为可能。目前，平板热管的热传导系数可以达到9 000瓦/（米·度），满足150瓦/平方厘米的散热功率密度要求。目前，高性能的移动电子产品的散热均已采用这类扩散焊分层实体成形技术制造的平板热管。

采用光固化制造的黄河机电25英寸多建工体彩电前壳（陕西恒通智能机器有限公司）

采用扩散焊分层实体成形的典型平板管产品（西北工业大学）

案例16：电铸模

电铸模是结合增材制造和传统电铸的快速模具技术，其基本过程为：首先对增材制造原型表面进行必要的处理，如打磨、抛光、涂敷导电层等，然后置入电铸槽中，通过常温电铸获得金属壳层，该壳层的内表面精确地复制出了原型的外表面，通过中高温烧结去除金属壳内的原型，然后在模具框和金属壳外侧之间浇铸低熔点合金或铝粉—树脂混合材料背衬，即可得到电铸模。图为航天飞机风洞试验模型电铸模具的制作步骤示意图。图（a）是航天飞机的CAD造型（消隐后）；图（b）是得到的CAD实体模型图；考虑到制造航天飞机模型发泡模的需要，特地设计了加凸台的CAD模型见图（c）；再考虑到航天飞机模型的SL原型的制作，将机身和机翼分别制造，图（d）为航天飞机机身模型，图（e）是航天飞机机翼模型；图（f）是最后得到的电铸模型腔（已经加上了铝背衬）。对此型腔配上模架，可得到航天飞机模型的发泡模，再将铅配重块放到机身（空心）中不同部位，得到重心不同的航天飞机模型，满足了风洞实验的需要。

  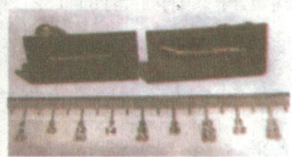

（a）航天飞机CAD造型　　（b）CAD实体模型图　　（c）加凸台的CAD模型图

（d）航天飞机机身模型图　　（e）航天飞机机翼模型　　（f）电铸模型腔

航天飞机风洞试验模型电铸模具的制作步骤示意图（清华大学）

案例17：喷涂模具

将增材制造技术与喷涂技术进行有机结合，可以实现增材制造技术、金属喷涂、等离子喷涂与刷镀等的工艺集成及运动控制和工艺参数控制的一体化。喷涂模具包括金属冷喷模具和等离子喷涂（熔射）模具。金属冷喷模具是用喷枪在由增材制造技术得到的原型的表面上喷射上一层金属壳层，其厚度可以达到2毫米，甚至更厚，然后用铝颗粒与树脂混合材料作为背衬物并且埋入冷却管道，涂层与背衬材料转移结合，去除原型之后即可制得模具。喷涂表面的复制性能非常好，尺寸精度足够高，还可以进行抛光以提高表面光洁度。采用等离子喷涂（熔射）技术，可以获得高熔点金属涂层，例如，不锈钢涂层。这样制得的模具表面硬度高、表面质量好、经济耐用、制作简单，使用寿命更是超过金属冷喷模具。下图为华中科技大学采用等离子喷涂熔射技术得到的模具。

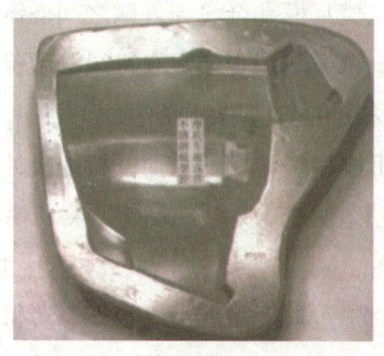 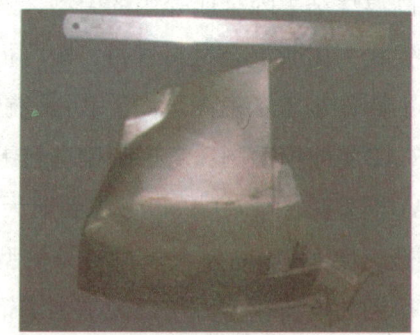

凹模　　　　　　　　　　　凸模

等离子喷涂熔射技术得到的模具（华中科技大学）

案例18：中低熔点合金模具

锌基合金为典型的中熔点合金，Bi-Sn合金为典型的低熔点合金。铸造获得中低熔点合金模具的技术以增材制造得到的原型为母模，将原型翻制为硅胶模，再由硅胶模翻制石膏模，通过石膏模精铸得到锌基合金模具。针对不同的汽车车身覆盖件，可以选用不同的增材制造工艺（例如SL或FDM工艺），再与中低熔点合金快速制模技术相结合，使之更加适合大型件的拉延、翻边等成形。清华大学开发的新工艺采用无焙烧精密陶瓷型技术完成LOM原型到陶瓷型的转换，再进行低熔点合金（Bi-Sn合金）的精密铸造获得金属模具。Bi-Sn合金的熔点低至138摄氏度，而且调整Bi与Sn的比例可以控制在凝固时微缩或微涨的量值，因而不会引起残余应力而发生变形，可保证极高精度。此方法浇铸出的拉延模具可以制造100～300件汽车覆盖件零件，可以满足汽车试制模具的需要。当模具精度丧失后，可重熔此材料制造新的拉延模具，因而降低了模具制造的成本。

汽车车门内板Bi-Sn合金拉延模具凹模与凸模（烟台泰利公司）

案例19：铝颗粒增强环氧树脂模具

采用环氧树脂作为模具主要材料，以增材制造得到的原型为母模，在原型表面涂一层环氧树脂，再在后面填充混有铝粒（或者全体金属颗粒）的环氧树脂作为背衬，脱模即可得到铝基环氧树脂模。它主要用作注塑模，其寿命一般为500～2 000件。其工艺步骤为：制作母模，画出分型线，设计套装夹具（通常为木制）固定原型，取决于原型的复杂程度将木制夹具切割成几块（复杂的原型要切割成10～15块），将石蜡灌注到切割间隙或裂缝中，然后将35%的环氧树脂和65%的增强铝颗粒涂抹于原型的表面上，进行修整后制成铝颗粒增强环氧树脂模具。

金属颗粒增强环氧树脂换热片模具及制品（清华大学）

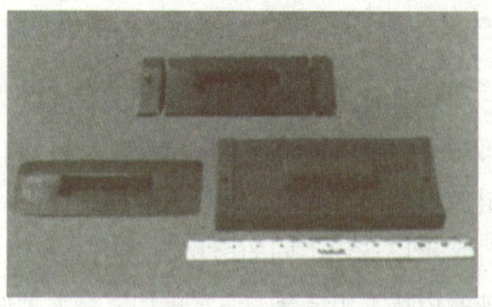

铝颗粒充填模具及玻璃纤维增强复合材料制件（美国3DSystecms公司）

案例20：硅胶模及硅胶复合模

以增材制造得到的原型作母模，浇注蜡、硅橡胶、环氧树脂、聚氨酯等软材料，构成软模具，这些软模具可用作试制、小批量生产用注塑模，或制造硬模具的中间过渡模、低熔点合金铸造模。这些软模具具有很好的弹性、复印性和一定的强度，在浇注成形复杂工模具时，可以简化模具的结构设计，并便于脱模。硅胶模广泛用于快速制造小批量塑料零件或者为其他模具制造技术用作复制复杂形状零件的中间转换体，其主要优点是成本低、工艺较为简单。

除此之外，还可以将硅胶模与其他模具技术进行复合的快速模具技术。将FDM或LOM其他快速原型工艺制造的RP原型翻制的硅胶型，通过涂层转移获得精密陶瓷型，浇铸铸铝或黑色金属，可以制作子午线轮胎模。右图为清华大学与山东某厂合作的成果，其中图（a）为轮胎的LOM原型，图（b）为精密陶瓷型，图（c）为合金铸铁模具。

(a)轮胎的LOM原型

(b)精密陶瓷型

(c)合金铸铁模具

子午线轮胎硅胶–陶瓷型橡胶模（清华大学）

案例21：压蜡模具

西安某企业接到订单要求开发新产品熔模铸造件20件，限期20天完成。由于开发周期短，模具的制作周期时间较长，而且复杂度较高，难以实现。通过与西安交通大学合作，使用光固化成形技术结合软膜技术制作压蜡模具，模具制作仅需2天时间，使得企业的研发周期缩短至原来的1/10，制造出的模具完全可以替代传统工艺生产的模具，仅模具一项就可降低成本1/4左右，为企业在瞬息万变的市场环境中占得了先机。下图为采用快速制作的压蜡模具。

制作出的压蜡模具（西安交通大学）

案例22：快速精密铸造模具

采用快速精密铸造的方式得到快速模具有许多方法，其中Quick Casting是美国3D Systems公司推出的一种工艺。它利用立体光刻（SL）工艺获得零件／模具的半中空原型，然后在原型的外表面挂浆，得到一定厚度和粒度的陶瓷壳层，紧紧地包裹在原型的外面，再放入高温炉中烧掉SL半中空原型，得到中空的陶瓷型壳，即可用于精密铸造。浇铸后得到的金属模具还要进行必要的机加工，使得其表面质量和尺寸精度达到要求。该方法的优点是用SL原型代替原来精密铸造中的蜡型，从而提高铸造原型的精度，并且大大加快制造速度。清华大学首先提出无焙烧陶瓷型制模，该技术首先以增材制造原型为母模，将原型翻制为硅胶模，再由硅胶模翻制陶瓷型，通过陶瓷型精铸得到金属模具见右上图。

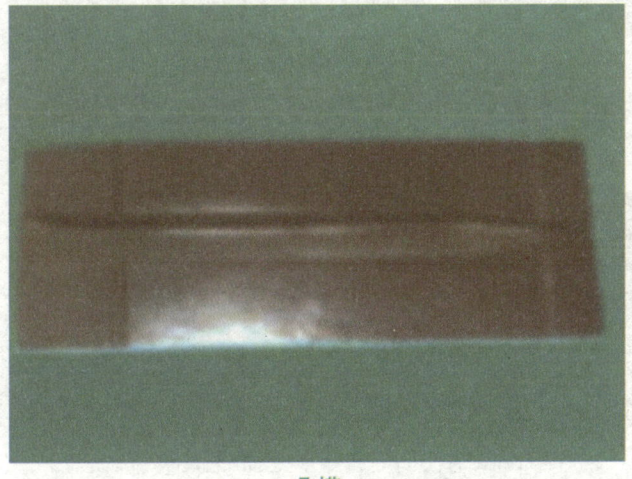

凸模

凹模

汽车上梁覆盖件快速精密铸造模具（清华大学）

案例23：粉末冶金快速模具

美国3D Systems公司还推出了一种粉末冶金快速模具工艺，这种工艺称作3D Keltool。它的制作过程为：首先用SL原型翻制出硅胶模作为中间转换模，然后将混有树脂黏结剂的工具钢粉末灌注到中间模具中，待材料凝固后取出得到模具生坯件，通过烧结去除黏结剂，得到内部疏松结构（约30%孔隙率）的模具熟坯件，最后经过渗铜处理增加材料的致密度和机械强度，通过简单机加工进一步保证模具的精度（可达0.04毫米），即得Keltool模具。

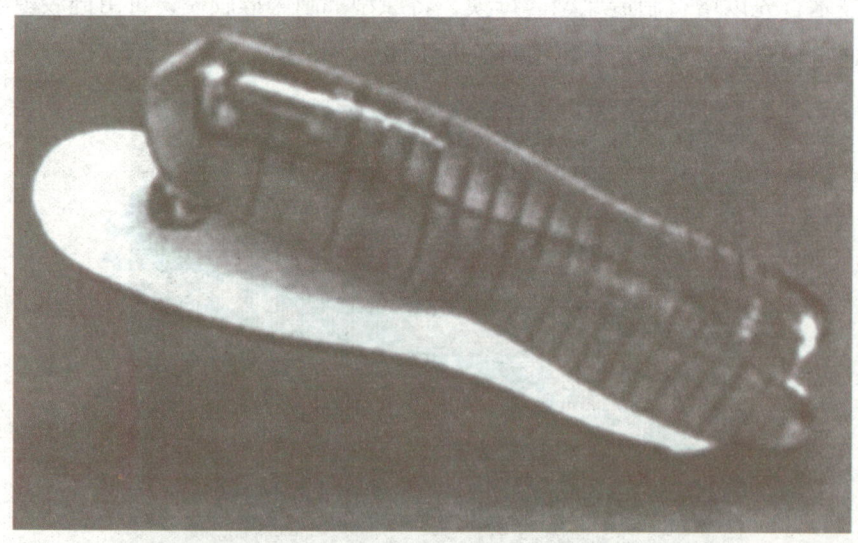

3D Keltool工艺得到的制件（美国3D Sytems公司）

案例24：复杂随形冷却模具

注塑模具冷却时间往往占整个注塑生产周期的70%左右。利用传统钻孔和电火花加工难以制造出复杂冷却流道，冷却效果有限。德国一家模具公司使用激光选区熔化技术制造具有内部随形冷却流道的金属模具，提高了冷却效率，并且有效减少了制件翘曲和其他产品缺陷。下图是华中科技大学利用相同工艺制造的随形冷却模具及利用该模具生产的塑料零件。日本松浦机械公司开发了一种金属粉末激光造型复合加工技术，可把激光选区熔化工艺和传统的高速切削工艺融为一体，一次性加工完成具有内部异型水路和排气功能，可用于表面形状复杂、难以实施后续加工的精密模具零件。加工尺寸精度可达到±0.005毫米，热处理后的材质硬度可达到HRC50。

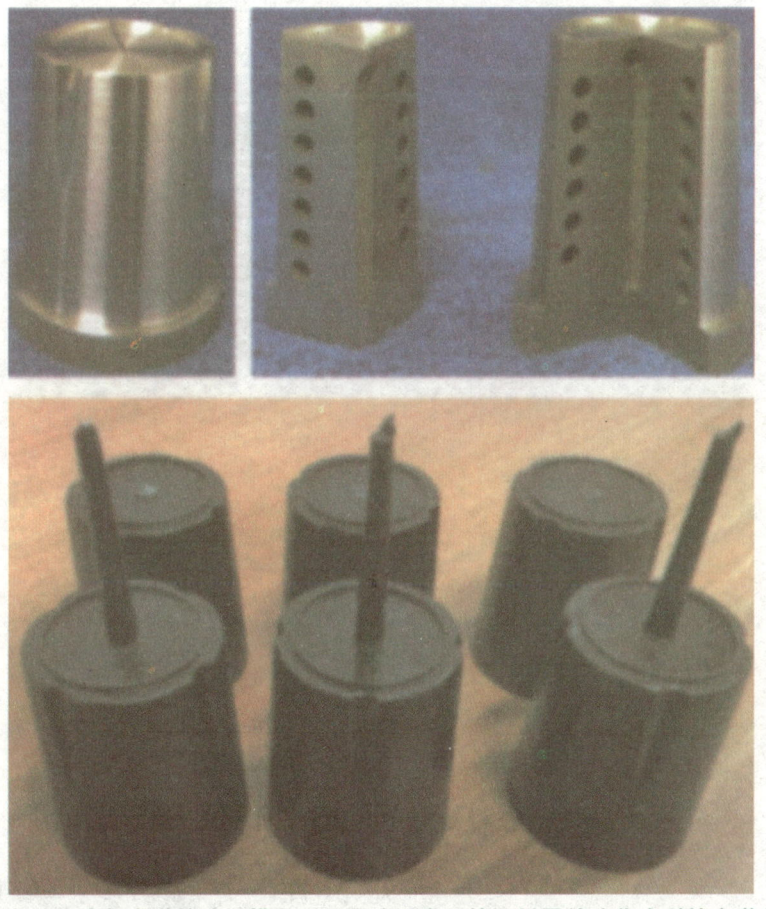

带有随形冷却水道的注塑模具型芯及注塑成形的塑料零件（华中科技大学）

加入前沿科技探索群

更新知识库
掌握新科技

群分类：学习互动
入群指南详见本书折口